Jörg Rüpke
Religiöse Transformationen im Römischen Reich

Hans-Lietzmann-Vorlesungen

―

Herausgegeben von
Katharina Bracht und Christoph Markschies

Heft 16

Jörg Rüpke

Religiöse Transformationen im Römischen Reich

—

Urbanisierung, Reichsbildung und Selbst-Bildung
als Bausteine religiösen Wandels

DE GRUYTER

Akademieunternehmen „Die alexandrinische und antiochenische Bibelexegese in der Spätantike – Griechische Christliche Schriftsteller" der Berlin-Brandenburgischen Akademie der Wissenschaften

ISBN 978-3-11-063417-4
e-ISBN (PDF) 978-3-11-063740-3
e-ISBN (EPUB) 978-3-11-063460-0
ISSN 1861-6011

Library of Congress Control Number: 2018961310

Bibliografische Information der Deutschen Nationalbibliothek
Die Deutsche Nationalbibliothek verzeichnet diese Publikation in der Deutschen Nationalbibliografie; detaillierte bibliografische Daten sind im Internet über http://dnb.dnb.de abrufbar.

© 2018 Walter de Gruyter GmbH, Berlin/Boston
Druck und Bindung: CPI books GmbH, Leck

www.degruyter.com

Markus Vinzent
Amico

Vorwort

Im vorliegenden Band wird die 21. Hans-Lietzmann-Vorlesung dokumentiert, die Jörg Rüpke am 3. und 4. Dezember 2015 unter dem Titel „Gelebte und gebotene Religion: Überlegungen zu Transformationen im römischen Reich" in Jena und Berlin gehalten hat. Die Vorlesungsreihe der Hans-Lietzmann-Vorlesungen wird jährlich in guter Kooperation von der Professur für Kirchengeschichte und dem Institut für Altertumswissenschaften der Friedrich-Schiller-Universität Jena, der Theologischen Fakultät der Humboldt-Universität zu Berlin und dem Akademienvorhaben *Die alexandrinische und antiochenische Bibelexegese in der Spätantike* im Zentrum Grundlagenforschung Alte Welt der Berlin-Brandenburgischen Akademie der Wissenschaften ausgerichtet – zum gemeinsamen Gedenken an den Maßstäbe setzenden Kirchenhistoriker Hans Lietzmann (1875–1942). Lietzmann wirkte seit 1905 als Professor für Kirchengeschichte an der Universität Jena, bevor er im Jahr 1924 an die Friedrich-Wilhelms-Universität, die heutige Humboldt-Universität zu Berlin, auf den Lehrstuhl Adolf von Harnacks wechselte. Er verband mit interdisziplinärer Expertise die Erforschung der antiken Kirchengeschichte mit neutestamentlicher Wissenschaft, klassischer Philologie und Archäologie.

Mit Jörg Rüpke konnte im Jahr 2015 ein Referent gewonnen werden, der es in seiner Interdisziplinarität Hans Lietzmann gleichtut. Ich darf ihn mit ein paar Worten vorstellen: Jörg Rüpke stammt, akademisch gesehen, aus Tübingen, wo er promoviert wurde und sich habilitiert hat. Von 1995 bis 1999 war er als Professor für Klassische Philologie an der Universität Potsdam tätig, bevor er das Fach wechselte und seit inzwischen nahezu 20 Jahren (seit 1999) als Professor für Vergleichende Religionswissenschaft mit dem Schwerpunkt Europäische Polytheismen an der Universität Erfurt lehrt, wo er zugleich als Fellow des Max-Weber-Kollegs und Leiter der Kolleg-Forschergruppe „Religiöse Individualisierung in historischer Perspektive" eine reiche Forschungs- und Publikationstätigkeit entfaltet. In zahlreichen Gastprofessuren in den letzten Jahren[1] konnte er seine Forschungsergebnisse nicht nur über Publikationen, sondern persönlich an den internationalen Nachwuchs weitergeben.

Jörg Rüpke beschäftigt sich mit der Religionsgeschichte der römischen Kaiserzeit und nimmt folglich mit einem vergleichenden Ansatz ebendasselbe Feld in den Blick, das Lietzmann unter der spezifisch christlich-kirchlichen

---

[1] 2004 Sorbonne, Paris; 2005 Webster-Lecturer, Stanford University; 2010 Collège de France; 2010 Universität Aarhus; seit 2011 Honorarprofessor an der Universität Aarhus.

Perspektive erforschte. Dabei bewegt ihn ein ganz aktuelles Interesse, denn er betont gern, wie grundlegend die Bedeutung der antiken Religionsgeschichte für die Religionsgeschichte Europas ist. Bei aller Aufmerksamkeit für das Detail unternimmt er es immer wieder, sich aus den Tiefen der Einzelstudien zu erheben und ein Bild des „großen Ganzen" zu zeichnen.

In seinem Buch „Von Jupiter zu Christus: Religionsgeschichte in römischer Zeit" (2011)[2] zeichnet Rüpke das Römische Reich als einen umfassenden Kulturraum rund um das Mittelmeer, der administrativ und ökonomisch überaus eng vernetzt war. Dadurch wurde es möglich, dass nicht nur Menschen reisten, sondern vor allem, dass Ideen sich schnell verbreiteten – auch die Idee des Christentums. Seit 2008 bildet das Thema religiöser Individualisierung, das Rüpke spezifisch religionsgeschichtlich angeht, einen Schwerpunkt seiner Forschungstätigkeit. Daraus ging die in zahlreiche Sprachen übersetzte Monographie „Aberglauben oder Individualität? Religiöse Abweichung im römischen Reich" (2011) hervor.[3] Seine Darstellungskraft, die der von Lietzmann – wie jener sie in seiner „Geschichte der Alten Kirche" meisterlich entfaltete[4] – in nichts nachsteht, bringt Rüpke auch in seiner jüngsten großen Monographie mit dem sprechenden Titel „Pantheon" (2016) zur Geltung, die ebenfalls schon Übersetzungen ins Englische und Italienische erfahren hat.[5]

---

[2] Jörg Rüpke, *Von Jupiter zu Christus: Religionsgeschichte in römischer Zeit*, Darmstadt: Wissenschaftliche Buchgesellschaft 2011; italienische Übersetzung: *Tra Giove e Cristo: trasformazioni religiose nell'impero romano*, trad. Roberto Alciati, Scienze e storia delle religioni 18, Brescia: Morcelliana 2013; englische Übersetzung: *From Jupiter to Christ: On the History of Religion in the Roman Imperial Period*, trans. David M. B. Richardson, Oxford: Oxford University Press 2014.

[3] Jörg Rüpke, *Aberglauben oder Individualität? Religiöse Abweichung im römischen Reich*, Tübingen: Mohr Siebeck 2011; italienische Übersetzung: *Superstitio: Devianza religiosa nell' Impero romano*, trad. Elisa Groff, Roma: Carocci 2014; französische Übersetzung: *Superstition ou individualité? Déviance religieuse dans l'Empire romain*, trad. Ludivine Beaurin, Bruxelles/Leuven: Latomus/Peeters 2015; englische Übersetzung: *Religious Deviance in the Roman World: Superstition or Individuality?*, trans. David M. B. Richardson, Cambridge: Cambridge University Press 2016; spanische Übersetzung: *Superstición o individualidad: desviaciones religiosas en el Imperio Romano*, trad. María Teresa Benítez, Josefina González, Micaela van Muylem, Madrid: Universidad Nacional de Educación a Distancia 2016.

[4] Hans Lietzmann, *Geschichte der Alten Kirche*, Band 1–3 Berlin: de Gruyter 1932; 1936; 1938; Band 4 posthum 1944.

[5] Jörg Rüpke, *Pantheon: Geschichte der antiken Religionen* (Historische Bibliothek der Gerda-Henkel-Stiftung), München: Beck 2016; englische Übersetzung: *Pantheon: A New History of Roman Religion*, trans. David M. B. Richardson, Princeton: Princeton University Press 2018; italienische Übersetzung: *Pantheon: Una nuova storia della religione romana*, trad. Roberto Alciati e Maria Dell'Isole, Turin: Einaudi 2018.

Darüber hinaus teilt Rüpke mit Hans Lietzmann das Engagement, Literatur für Studierende oder fachfremde Leser zur Verfügung zu stellen.[6] Dazu zählen seine ebenfalls in zahlreiche Sprachen übersetzte Monographie „Die Religion der Römer" (2001/²2006),[7] in der er aus dem reichen Fundus seines Wissens schöpft, sowie seine Einführung in die „Historische Religionswissenschaft" (2007).[8]

In der vorliegenden Hans-Lietzmann-Vorlesung geht Rüpke noch einen Schritt weiter. Nicht nur möchte er aus zahlreichen Mosaiksteinchen, die er akribisch in den Anmerkungen nachweist, ein detailliertes und zugleich klares Bild der antik-mediterranen Religion zusammensetzen, sondern er unternimmt es, ihre spezifische *Dynamik* darzustellen, die sich aus der jeweils individuellen Aneignung religiöser Traditionen im Sinne einer „gelebten Religion" und den daraus resultierenden religiösen Transformationen ergibt. Rüpke stellt sich der Herausforderung, ein Modell für die Beschreibung oder gar Erklärung dieser Veränderungen zu entwerfen, und interpretiert den großen politischen Raum des römischen Imperiums als den strukturellen Rahmen, der verschiedene externe Faktoren bereitstellt, die diese Dynamik bewirken – dabei jedoch die Eigendynamik religiösen Handelns nicht außer Acht lassend. Damit sei die Neugier geweckt und der geneigte Leser, die geneigte Leserin an Jörg Rüpke und die vorliegende Hans-Lietzmann-Vorlesung selbst verwiesen!

Zuvor sei ein herzlicher Dank an meinen wissenschaftlichen Mitarbeiter Florian Durner für die zuverlässige Mithilfe bei der Vorbereitung des Manuskripts für den Satz, an den Verlag de Gruyter für die treue Unterstützung der Hans-Lietzmann-Vorlesung auch in diesem Jahr und besonders an Herrn Dr. Albrecht Döhnert ausgesprochen, der die Drucklegung dieses Bandes mit besonderem persönlichem Engagement gefördert hat.

Jena, im Herbst 2018   Katharina Bracht

---

6 Hans Lietzmann begründete 1902 die Reihe „Kleine Texte für Vorlesungen und Übungen" (zunächst Bonn: Marcus u. Weber; ab 1927 Berlin: de Gruyter), in der in den Jahren seines akademischen Wirkens bis 1939 insgesamt 170 Hefte zu diversen philologischen und (kirchen-)historischen Disziplinen von der Antike bis zur Reformationszeit erschienen.
7 Jörg Rüpke, *Die Religion der Römer: Eine Einführung*, München: Beck 2001 (2., überarb. Aufl. 2006); tschechische Übersetzung: *Náboženství Římanů*, trans. David Sanetrník. Prag: Vyšehrad, 2007; italienische Übersetzung: *La religione dei romani*, trad. Umberto Gandini, Biblioteca Einaudi 184, Turin: Einaudi 2004; englische Übersetzung: *Religion of the Romans*, trans. Richard Gordon, Cambridge: Polity 2007.
8 Jörg Rüpke, *Historische Religionswissenschaft: Eine Orientierung* (Religionswissenschaft heute 5), Stuttgart: Kohlhammer 2007.

Inhalt

Vorwort —— VII

Einleitung —— 1

I **Das mediterrane Imperium Romanum als religionsgeschichtlicher Raum** —— 5
1. Imperium Romanum und Religion —— 5
2. „Römische Religion" —— 10
3. Inhalte und Medien überregionaler Kommunikation —— 13
4. Konzeptionen „unserer" und „anderer" Religion und Religionen —— 17

II **Veränderungen** —— 24
1. Versuch einer Entwicklungsskizze für die Kaiserzeit —— 24
2. Gelebte und gelebte antike Religion —— 29
3. Beispiele gelebter Religion —— 35
4. Methodische Optionen —— 39
5. Veränderungen im religiösen Feld —— 41

III **Religiöse Transformationen im antiken Mittelmeerraum** —— 43
1. Vorüberlegungen —— 43
2. Ein Modell —— 46
2.1 Urbanisierung —— 46
2.2 Reichsbildung —— 50
2.3 Individualisierung durch Schrift —— 53
3. Zusammenfassung: Individualisierung und Religionsbildung, Reichsbildung und Urbanisierung —— 55

Literaturverzeichnis —— 59

Einleitung

Die römische Kaiserzeit bezeichnet insgesamt eine Epoche, deren religiöse Transformationen die nachantike mediterrane, europäische und westasiatische Religionsgeschichte geprägt haben. Denn das ist sicher: Diese Epoche selbst ist durch erhebliche Umbrüche gekennzeichnet. Religionsgeschichtlich sieht die Mittelmeerwelt in der Spätantike ganz anders aus als im ersten Jahrhundert v. Chr. Das Christentum wird als etwas, das sich vom Judentum unterscheiden will, sichtbar, ja wichtig, das Judentum vielerorts nur noch geduldet, wenig später wird der Islam seinen Siegeszug antreten – allesamt Monotheismen, die an die Stelle religiöser Pluralität und ortsbezogener Religionen zu treten scheinen.

Ich will aber nicht darüber nachdenken, warum das Christentum siegte – über die römische Religion von Kaiser und Heer, die griechische von Theatern, Mythen und Bildern, über Mithras in seinen Abenteuer und Erlösung verheißenden Höhlen und Isis, die Frauenversteherin. Schon diesen Fragen liegt eine Vorstellung zugrunde, die ich hoffe in den letzten Jahren als falsch aufgewiesen zu haben: Die antike Religionsgeschichte muss nicht als Geschichte einer Abfolge von neu entstehenden oder miteinander konkurrierenden Religionen gesehen werden.[1] Zwar gab es Institutionalisierungsprozesse, die mehrfach aus religiösen Kleinunternehmern vielköpfige und manchmal sogar ortsübergreifende Organisationen machten, die wichtige Merkmale mit dem teilen, was wir heute als „Religionen" zu bezeichnen pflegen.[2] Das gewichtigere Argument lautet aber, dass sich Religionsgeschichte überhaupt nicht sinnvoll als Geschichte von Religionen als handelnden Einheiten darstellen lässt.[3] Ließe man sich nämlich auf diese Betrachtungsweise erneut ein, wimmelt es sofort von Volksreligion, von Synkretismen, von Lauen, Namenschristen oder überhaupt Devianten. Dank der Konzentration auf jene *organizational men* (auch „Männer" ist hier nicht zufällig gewählt), ihre Reflexionen, Normen und ihre Versuche, diese Normen in Standardisierung von Verhalten, Anwendung in immer mehr Lebensbereichen und ausschließende Grenzziehungen umzusetzen, wird ein Großteil religiöser Praktiken, wird die gelebte Religion marginalisiert und diskriminiert. Das ist als institutionelle Strategie verständlich, als religionsgeschichtliche Methode aber selbst nur eine

---

1 Rüpke 2011c, 2016f.
2 Rüpke 2010d.
3 Siehe Otto, Rau und Rüpke 2015; Rüpke 2018f.

– und eine problematische dazu – Perspektive unter vielen. Hier werden Alternativen – mit ihren Gewinnen an Differenzierung wie Verlusten an Legitimierungsangeboten – ausgelotet.

Trotz oder gerade wegen der Fülle der Details, die wir aus der römischen Kaiserzeit kennen, bleibt der Versuch, ein Modell für die Beschreibung oder gar Erklärung dieser Veränderungen zu entwerfen, eine große Herausforderung. Die hier in erweiterter Form vorgelegte Hans-Lietzmann-Vorlesung, die ich an der Friedrich-Schiller-Universität Jena und an der Humboldt-Universität Berlin halten durfte, nimmt – nach einer Skizze des religionsgeschichtlichen Rahmens im ersten Teil[4] – zur Analyse der beobachtbaren Veränderungen im zweiten Teil ihre Methodik aus zwei unterschiedlichen Quellen. Zum einen legt sie für die Beschreibung den Interpretationsrahmen einer „gelebten antiken Religion" zu Grunde. Der individuellen Aneignung religiöser Traditionen und der daraus resultierenden Dynamik wird hohe Aufmerksamkeit eingeräumt, Gruppenbildungen werden erst als Folgeerscheinungen analysiert.[5] Zum anderen wird der große politische Raum des Imperium selbst als struktureller Rahmen individuellen Handelns interpretiert, in dem neue Normen religiösen Handelns entwickelt werden. Während sich meine Erzählung antik-mediterraner Religionsgeschichte in „Pantheon" vor allem den ganz unterschiedlichen Handlungsmöglichkeiten der vielfältigen Akteure und Entwicklungslinien aus solchen Aneignungen kultureller Traditionen widmete,[6] steht in diesem Büchlein der Versuch im Vordergrund, die räumlichen Bedingungen religiöser Veränderungsprozesse ins Zentrum zu rücken und nach strukturellen Gemeinsamkeiten in den vielfältigen Entwicklungen zu fragen. Als Ergebnis der Überlegung schält sich im dritten Teil ein Modell heraus, das unter den Stichworten „Urbanisierung", „Reichsbildung" und „Selbst-Bildung" vorgestellt wird.

Die Geschwindigkeit und Reichweite der religiösen Transformationen, die damit in den Blick geraten, erlauben es nicht, den religiösen Pluralismus der römischen Kaiserzeit als bloße Begleiterscheinung von „Polytheismus" antik-mediterraner Prägung zu verstehen. Es handelt sich vielmehr um eine Pluralität, die vor allem eine große individuelle Varianz darstellt.

*

---

4 Dafür greife ich im Wesentlichen auf Rüpke 2015d zurück.
5 Siehe Albrecht et al. 2018.
6 Rüpke 2016f.

Die Einladung zur Hans-Lietzmann-Vorlesung im Dezember 2015 gab mir die Gelegenheit, manche Überlegungen zur Religionsgeschichte insbesondere der römischen Kaiserzeit modellhaft zuzuspitzen. Dafür bin ich Katharina Bracht und Christoph Markschies herzlich dankbar. Die Fußnoten weisen aus, wie sehr dieser Band ein Ergebnis der Arbeiten ist, die mir die Deutsche Forschungsgemeinschaft mit der Finanzierung der Kolleg-Forschergruppe „Religiöse Individualisierung in historischer Perspektive" (FOR 1030) von 2008–2018 ermöglicht hat. Für die Jahre 2012–2017 hat ein ERC Advanced Grant (295555) eine weitere Vertiefung ermöglicht und mir erlaubt, die Perspektive der „gelebten antiken Religion" zu konkretisieren, die Individualisierung und Traditionsbildung gemeinsam zu beschreiben erlaubt. Dafür bin ich all meinen Mitstreiterinnen und Mitstreitern am Max-Weber-Kolleg für kultur- und sozialwissenschaftliche Studien der Universität Erfurt dankbar.

Der überlange Zeitraum von der Vorlesung zum Buchmanuskript war nicht zuletzt eine Zeit immer neuer Umformulierungen, Ergänzungen und Korrekturen. Besonderer Dank gilt hier Markus Vinzent, mit dem ich das Manuskript intensiv diskutieren konnte. Nicole Hartmann, Berlin, hat sich am Ende der Mühe unterzogen, den gesamten Text durchzusehen, wofür ich mich herzlich bedanken möchte. Ich bin sicher, sie konnte mich nicht vor allen Dummheiten bewahren.

Erfurt, im August 2018

I Das mediterrane Imperium Romanum als religionsgeschichtlicher Raum

1 Imperium Romanum und Religion

Die Religionsgeschichte der römischen Kaiserzeit ist von grundlegender Bedeutung für die Religionsgeschichte Europas wie von paradigmatischem Wert für Religionsgeschichte überhaupt. Es ist die Epoche der Entstehung eines Kulturraums, der West-, Nordwest-, Mittel- und Südosteuropa ebenso wie den Nahen Osten und Nordafrika umfasste, eines administrativ und ökonomisch eng vernetzten Raumes, der die schnelle Diffusion von Ideen und Medien ermöglichte. Dieser Raum und diese Epoche sahen die Ausbreitung des Christentums wie die eines ästhetisierten Paganismus, der für die Renaissance die Voraussetzungen schuf.[1]

Viele Darstellungen der Religionsgeschichte dieses Raumes beschränken sich auf additive Beschreibungen einzelner Kulte und Religionen; in vielen Darstellungen von Kirchengeschichte wird die Geschichte des Christentums allenfalls (und auch das nur punktuell) vor einer jüdischen Folie gesehen, ansonsten in einem fast luftleeren Raum verortet; während theologisch die Bedeutung des Hellenismus außer Frage steht, bleibt sprachlich, mentalitäts- und institutionengeschichtlich das *Imperium Romanum* ein Randthema.[2] Für die Geschichte „römischer Religion" in diesem Zeitraum lag der Akzent fast ausschließlich auf dem Kaiserkult, der als einigendes Band des Römischen Reiches betrachtet wurde.[3] Die Frage nach „Reichsreligion" und „Provinzialreligion", nach Globalisierungs- und Regionalisierungsprozessen in der antiken Religionsgeschichte, hat diese Perspektive verändert.[4] Sie führte zu der These, dass die entscheidende Veränderung der römischen Kaiserzeit nicht der Wechsel oder die Zunahme der Zahl von Religionen waren, sondern eine Veränderung des Phänomens und gesellschaftlichen Stellenwertes von „Religion" überhaupt erfolgte: Aus einem Medium der individuellen Thematisierung menschlicher Kontingenzen (Krankheit, Unsicherheit, Tod) und öffentlicher politischer Identi-

---

1 Stausberg 2009; siehe auch Vessey 2009; exemplarisch: Gordon 2014a.
2 Z. B. Pietri 2003; Piétri und Piétri 1996; Mitchell und Young 2006; Casiday und Norris 2007; vgl. dagegen Leppin 2018.
3 Siehe etwa Price 1980; Fishwick 1987; Liertz 1998; Clauss 1999; Herz 2005; Frey 2006; Ando 2010; Witulski 2010.
4 Siehe Cancik und Rüpke 1997; Cancik und Rüpke 2009; Rüpke 2011c.

tätsbildung ist sie zu einem umfassenden Zusammenhang menschlicher Lebensführung, Formulierung von Gruppenidentitäten und politischer Legitimation geworden.[5]

Der Blick richtet sich damit auf die Medien, in denen Religion realisiert und verbreitet wurde, beginnend bei Objekten und Texten, aber auch in Institutionen und rechtlichen Normen. Das verbindet sich mit der Frage, wie sich Religion in Diffusions- und Immigrationsprozessen veränderte. In welcher Geschwindigkeit wurden Praktiken und Institutionsformen übernommen? Wie wurden sie verändert? Nicht „Religionen" oder „Kulte", so sei ein wichtiges Ergebnis vorweggenommen, traten miteinander in einen Wettbewerb, sondern in einem kulturellen Großraum wurden Symbole immer wieder neu verknüpft, religiöse „Unternehmer" und Funktionäre bemühten sich mit großem Aufwand, Gruppengrenzen zu errichten und zu sichern.

Wie sahen solche „Medien" aus? Ein Blick zurück in das erste Jahrtausend und die vielfältigen Entwicklungen im Mittelmeerraum ist hilfreich.[6] Die Verbindung von monumentalem Tempelbau mit klarer Abgrenzung und auffälliger Fassade mit der nach innen blickenden Funktion, im Wesentlichen anthropomorphe Götterbilder zu beherbergen, dürfte auf Ägypten zurückzuführen sein. Das Ensemble realisiert sich in sehr unterschiedlichen Varianten, wenn man die frühen griechischen Tempel des siebten Jahrhunderts mit den Raumfolgen von Heiligtümern auf Malta ein Jahrtausend zuvor vergleicht. Göttliche Präsenz wird hier auch von außen deutlich sichtbar inszeniert, intimere Erfahrungen dieser Präsenz im Inneren ermöglicht, aber auch reglementiert und so Macht bewiesen und gesichert. Die Fokussierung des Göttlichen auf das abgesteckte Tempelareal und die unkontrollierbare Erscheinung des Göttlichen in Vorzeichen, Naturereignissen, ungeregelten und rituell gestalteten Epiphanien: diese bipolare Orientierung und die aus ihr entstehenden Kontroversen durchziehen die gesamte antike Religionsgeschichte. Die Tätigkeit von religiösen Spezialistinnen und Spezialisten wie die Aneignung und Pflege dieser Erscheinungsform durch die jeweils Herrschenden läuft dabei stetig mit. Das Götterbild spitzt die Ambivalenz zu: Es ist einerseits künstlerisches, schon vom Material her wertvolles Produkt, das Einfluss, Reichtum und Herrschaft der Auftraggeber annoncieren kann. Die Herstellung von Götterbildern wird in Bildern und Texten thematisiert, Künstler sind in Einzelfällen bekannt. Das verehrte Kultbild dient auch als Muster für (oft miniaturisierte) Votivgaben, es ist eine Ehrung der Gottheit. Es ist aber auch eine mögliche Ehrung von Menschen: Phänotypisch lassen sich

---

5 Rüpke 2011b.
6 Für das Folgende greife ich auf die religionsgeschichtliche Skizze in Rüpke 2012b zurück.

Menschen- und Götterbilder kaum unterscheiden; das macht die Einordnung von isolierten Funden – so der etruskische Krieger von Capestrano – schwierig. Umso wichtiger ist der Streit, wem welche Bilder gebühren.[7] Das Götterbild ist andererseits ein bevorzugter Epiphanieort für Götter, macht sie in ihrer Differenz in den polytheistischen Systemen der Antike überhaupt erst durch Namen und Bild fassbar.[8] Gleichwohl garantieren Götterbilder nicht die Anwesenheit der Gottheit; der unbearbeitete Baumstamm kann in bestimmten Kontexten mehr religiöse Ehrfurcht auslösen und aus diesem Grund neben und nach detaillierten anthropomorphen Bildern in Kult wie Literatur bevorzugt werden.[9] Authentizität wird über vom Himmel gefallene Bilder hergestellt. Die Konstruktion des Göttlichen in den antiken Religionen baut hier der völligen Vereinnahmung und Herstellbarkeit vor. Das Unverfügbare, das Überraschende göttlicher Präsenz bleibt so erhalten.

Die „Konstruktion des Göttlichen"[10] verbindet die auf Bilder fokussierte Präsenz der Götter mit ihrer näheren Definition durch die Geschenke, die ihnen gebracht und häufig langfristig sichtbar aufgestellt werden. Es sind „Weihegeschenke" in der Gestalt eben der Statuen, die so weiter plausibilisiert werden. Oder es sind Miniaturen von erwünschten Objekten und Zuständen, die im Sinne der klassischen Gabentheorie Marcel Mauss' das Gegenüber ebenso durch die Auswahl der Geschenke wie durch die Miniaturisierung selbst – eben als die „Anderen" – festlegen.[11] Als Massenpraxis läuft dies parallel zur Verbreitung von Kultbildern, ist aber nicht notwendig daran gebunden. Das Fehlen von Bildern, anikonischer Kult, geht dabei häufig mit der Versenkung, also der nicht-sichtbaren Präsentation der Geschenke einher.[12] Letzteres entspricht auch regelmäßig der Bestattungspraxis. Die Zentren der Votivreligion verschieben sich und weisen lokal je eigene Entwicklungslinien auf; bestimmte Moden, so etwa im vierten Jahrhundert v. Chr. von Griechenland ausgehend Votivdarstellungen von Körperteilen, verbreiten sich aber überregional.[13]

Mit der Verbreitung der Schrift gewinnen zwei weitere mediale Formen an Bedeutung. Da ist zunächst das „Kultgesetz", neuzeitlich *lex sacra*. Ausführliche Inschriften regeln den Kult eines Heiligtums, geben Auskunft über durchzu-

---

7 Dazu Rüpke 2006b.
8 Gladigow 1975; Uehlinger 2008.
9 Siehe etwa Scheer 2000 und Schrader 2017.
10 Vgl. Belayche und Pirenne-Delforge 2015.
11 Mauss 1925.
12 Siehe dazu etwa Alroth 1988; Auffarth 1995; Zemmer-Plank, Sölder und Hastaba 1997.
13 Schörner 2003; Rüpke 2006a, 154–164.

führende Rituale, Kosten, aber auch Verbote und Sanktionen.¹⁴ Neben diese verbreiteten Texte treten im Athen des ausgehenden fünften Jahrhunderts übergreifende Darstellungen, Synopsen religiöser Verpflichtungen eines Ortes, wie wir sie aus den sogenannten „Opferkalendern" griechischer Demen kennen.¹⁵ In Rom scheint sich im Laufe des dritten Jahrhunderts v. Chr. ein anderer, die Markt- und Gerichtstage dokumentierender Kalender durchzusetzen, der erst in einem zweiten Schritt, Anfang des zweiten Jahrhunderts, um religiöse Daten wie Opfer an Jahrestagen von Tempelstiftungen ergänzt wurde.¹⁶

Auch Mythen, Erzählungen von den Göttern und ihrem Handeln mit den Menschen, wurden schon in keilschriftlichen Texten, also in Mesopotamien im dritten Jahrtausend v. Chr. zu einem wichtigen Medium; für Griechenland lassen sich solche Texte allenfalls ins achte vorchristliche Jahrhundert, nämlich als frühe Textstufen der homerischen Epen „Ilias" und „Odyssee" sowie in Hesiods „Theogonie" und weiteren Kataloggedichten zurückverfolgen. Im erstgenannten Fall können wir vor allem sehen, wie sich eine gesamthellenische Erinnerung zu formieren beginnt, die politische Ansprüche, soziale Normen, aber eben auch ein präzises Gottesbild formuliert. Im zweiten Fall wird das Bemühen deutlich, über lokale Grenzen hinweg Erzählungen, Erzählvarianten und eine Fülle von Namen, die im Einzelfall auch kultischen Kontexten entstammen können, zu systematisieren und in ein genealogisch strukturiertes System zu bringen. Beides hat die Antike unter „Theologie" subsumiert und mit großem Erfolg exportiert. Der Erfolg machte sich dabei weniger am Inhalt als an der Form fest: Das waren zum einen die technisch anspruchsvollen und umfangreichen poetischen Gestaltungen, die Schulstoff und Gegenstand von Kommentaren werden. Das waren zum anderen die Umsetzungen der Erzählungen in ein ganz neues Medium, das Drama. Aus einem komplexen Ritual für Dionysos im sechsten Jahrhundert v. Chr. entwickelt, wurde es im fünften in Athen professionalisiert. In Komödie und Tragödie erlaubt es, alltägliche wie nichtalltägliche Probleme des Zusammenlebens zu thematisieren. Zumal letzteres räumte den Göttern großen Platz ein. Auch dort, wo die Inhalte von den Göttern weitgehend absehen, blieb der rituelle Rahmen erhalten: Dramen waren nicht Abendunterhaltung, sondern Teil von großen Festen, standen im Kontext von Prozessionen und Opfern. Das gilt auch für die römische Exportvariante; wie der „Auszug" des jüdischen Dramatikers Ezechiel (wohl in Alexandria) bei seiner Entstehung

---

14 Z.B. Robertson 2010.
15 Z.B. Dow und Healey 1965; kurz: Parker 1987.
16 Rüpke 1995; Rüpke 2011e.

im späten dritten oder zweiten Jahrhundert v. Chr. aufgeführt wurde, wissen wir nicht.[17]

Der Blick auf solche Medien und ihre Verbreitung und Rezeption macht deutlich, wie wenig eine auf einzelne „Religionen" fokussierte Sicht die Entwicklungen angemessen erfassen kann. In einer solchen Perspektive beschreibt entsprechend auch „Reichsreligion" nicht mehr eine einheitliche „Konfession" des *Imperium Romanum*. Gibt man die Perspektive des Wettbewerbs von Kulten und Religionen auf, werden weder Iuppiter- noch Mithras- oder Christus-Kult „Reichsreligion". Zu fragen ist vielmehr nach einem Prozess, in dem Raum und Religion sich wechselseitig prägen, also nach den religiösen Korrelaten der Ausbildung des politischen Großraums, der mit „Imperium Romanum" bezeichnet wurde. Religiöse Praktiken füllen nicht einfach ein Vakuum oder verdrängen Anderes, sondern werden selbst im Zuge räumlicher Bewegungen verändert. Das gilt für die „römische Religion" im Zentrum wie im Export aus diesem Zentrum in die Peripherie der Provinzen – eine „Peripherie", die selbst Heimat weiterer, nicht minder produktiver kultureller Zentren dieses Raumes war, von Alexandria über Antiochia und Athen bis Baalbek und Jerusalem, Orte, die Veränderungen anstießen und sich selbst im Prozesse der Einbindung ins römische Reich veränderten. Exemplarisch zeigt sich das am Kult der ägyptischen, aber schon in hellenistischer Zeit weit verbreiteten Götter Isis und Sarapis. Ihr Erscheinen in den Grenzräumen des Imperium ist ein fast eindeutigeres Zeichen römischen Einflusses als der in vielfältigen Gleichungen benutzte Name Iuppiter.[18] Die Rede von „orientalischen Kulten", die eine Klasse von deutlich unterschiedenen Kulten „östlicher Herkunft" mit besonderer Attraktivität behauptet, verdeckt diesen Sachverhalt völlig.[19]

Der Begriff der „Provinzialreligion" fungiert in diesem Raum als heuristisches Instrument, um nach der Interaktion von lokalen und regionalen administrativen und politischen Veränderungen mit kulturellen, genauer: religiösen Entwicklungen zu fragen. Insofern verbindet sich die transfergeschichtliche Fragestellung nach Import und Export religiöser Praktiken und Vorstellungen mit der vergleichenden Frage nach den Folgen der ganz unterschiedlichen politischen und kulturellen Formationen für religiöse Veränderungen, von der griechisch geprägten Städtelandschaft des Ostens bis zu den schwach urbanisierten Gebieten des lateinischen Südens (Nordafrika), Nordwestens und Nordostens (Nordwesteuropa, Balkanraum). Die Frage nach dem städtischen Raum als ei-

---

17 Siehe als Grundlage Kuiper 1900.
18 Exemplarisch dazu die Befunde in Thessaloniki, siehe Steimle 2007.
19 Zur Kritik des Konzeptes Bonnet, Rüpke und Scarpi 2006; Bonnet und Rüpke 2009, 1–10.

nem besonderen Kontext religiöser Veränderungen tritt neben die beiden globalisierungstheoretisch inspirierten Begriffe „Globalisierung" und „Regionalisierung".[20] Sie erweisen sich hier heuristisch als überaus fruchtbar – und zugleich unbrauchbar als deskriptive und substantialistische Begriffe. Das lenkt den Blick auf die Konzeptualisierung der identifizierten Prozesse durch die Zeitgenossen selbst – und die wechselseitigen Folgen der Veränderungen von Konzepten und sozialen Dynamiken antiker Religion: eine vielschichtige „entangled history".

2 „Römische Religion"

Doch richten wir den Blick wieder auf das Zentrum, auf Rom. Was kann „römische Religion" in dem aufgespannten Rahmen sinnvollerweise beschreiben? Der Begriff ist zunächst eine Abbreviatur für religiöse Zeichen, Praktiken und Vorstellungen in der Stadt Rom, ist also lokal, nicht ethnisch konnotiert. Natürlich konnten sich auf den unterschiedlichen sozialen Ebenen sehr unterschiedliche und unterschiedlich dichte Komplexe von „Zeichen, Praktiken und Vorstellungen" ausbilden, aber der Austausch dieser Zeichen ist erstaunlich. Der wohl im vierten Jahrhundert schreibende Autor einer Biographie des Alexander Severus konnte sich problemlos vorstellen, der Kaiser habe in seinem Lararium Statuetten unterschiedlichster Gestalten gehabt, die wir heute auf „Paganismus", „Judentum" und „Christentum" aufteilen würden.[21] Die Terminologie des Opferwesens war weit verbreitet, wörtlich praktiziert wie metaphorisch umgedeutet. Flöten und Orgeln, Versschemata und literarische Muster (Epos, Biographie, Brief) waren *lingua franca* für alle.

„Rom" bleibt aber nicht ohne Beziehung zu dem von hier regierten *Imperium Romanum* mit seinen vielleicht fünfzig Millionen Einwohnern. Militärisch mühsam verteidigt, administrativ nur schwach durchdrungen, vielsprachig und wirtschaftlich durch den Primat der jeweiligen Region geprägt, war diese Struktur doch erstaunlich präsent, sprach Todesurteile, prägte mit dem Edikt des Provinzgouverneurs als Revisionsinstanz schon das lokale und lokalsprachliche Recht der ersten Instanzen,[22] verbreitete das Bild des Kaisers auf Münzen und in

---

20 Grundlegend für diese Begriffsbildung war Robertson 1992: Robertson und White 2003.
21 Hist. Aug. *Alex. Sev.* 29,2.
22 Das ist besonders deutlich an Vertragstexten aus Palästina (das Babatha-Archiv): Cotton 1993; Cotton 1999; Isaac 1998, 159–181.

Statuenform in überraschender Geschwindigkeit.²³ Wie kein anderer Gott²⁴ plausibilisierte der jeweilige Augustus, und zwar vor seinem Tode und der offiziellen Divinisierung zum *Divus Augustus*, die überregionale Identität und Präsenz der sonst primär lokal²⁵ vorgestellten und verehrten Götter. Die Verehrung dieses omnipräsenten und doch individualisierbaren Gottes war ebenso wie der Kult der *Dea Roma* oder des *Genius senatus* ebenso Teil der Repräsentation römischer Herrschaft wie Feld lokaler Distinktion – und voller Konsequenzen für die stadtrömische Wahrnehmung der eigenen Institutionen.

Diese römische Religion der späten Republik und Kaiserzeit hatte eine lange Geschichte, war in stetem kulturellem Austausch mit mittelitalisch-etruskischen wie griechisch-hellenistischen Staaten und Kulturen entstanden. Dieser Austausch ist keineswegs als friedlich vorzustellen. Rom war Teil einer Staatenwelt, die Arthur Eckstein als „interstate anarchy"²⁶ charakterisiert hat; permanenter Waren- und Bevölkerungsaustausch, Kriegsbeute und Sklavenerwerb, Bildung von Allianzen wie Wettbewerb und Abgrenzung prägten die Entwicklung.

Religion besaß unter diesen Bedingungen ein eigenes Gesicht. Sie war, gemessen an neuzeitlich-europäischen Religionsvorstellungen, erstaunlich heterogen, lokal und individuell.²⁷ Aber gerade aufgrund dieser tiefen Verankerung in individuellen Praktiken konnte sie als Instrument politischer und sozialer Kohäsion von Angehörigen der Führungsschicht zu Zwecken der Kontrolle, Zentralisierung und Anwesenheit eingesetzt werden. „Öffentliche" Rituale (*sacra publica*) wurden von den Magistraten geleitet, Priesterschaften wurden durch die Mitglieder der senatorischen Elite besetzt, militärische und ökonomische Erfolge wurden in Ritualen und Sakralarchitektur auf Dauer gestellt. Und zugleich, in der schon angesprochenen Paradoxie der „Konstruktion des Göttlichen", entzogen sich die Götter, die durch die Stiftung von Statuen und Tempeln ins Leben gerufen wurden, der Kontrolle, verkündeten durch Vorzeichen ihr Missfallen, zerstörten mit Blitzen die eigenen Tempel, rückten, wie der römische Gott Terminus, nicht von der Stelle, wenn sie einem Tempelneubau weichen sollten.

---

23 Bezeichnend für die Möglichkeiten ist das Statuenprogramm aus Chiragan (Haut-Garonne), das zum Teil Kinder- und Jugendbildnisse von Kaisern im Abstand weniger Jahre Altersdifferenz aufweist (vgl. Haensch 2013).
24 Ando 2000; Ando 2008, 119.
25 Ando, 2008, 56f.
26 Eckstein 2006.
27 Siehe Rüpke 2011d, 2013f; Fuchs und Rüpke 2015b; Rebillard und Rüpke 2015b; Rüpke 2016a.

Das zwang zur Vorsicht gegen – und zur Inszenierung von göttlicher Willkür. Priester wurden in Rom gewählt, aber nur von einer ausgelosten Minderheit des Volkes, politische Konflikte wurden durch einander widersprechende Zeichenbeobachtungen verschärft.[28] Gerade weil sie nicht völlig der politischen Kontrolle unterlag, bot Religion eine wichtige Legitimationsquelle für Herrschaft, blieb eine „dritte Autorität", um mit Georg Simmel zu sprechen.[29] Weder der öffentlich finanzierte Kult, die *sacra publica*, noch das „Pantheon" – die Summe individueller, nur teilweise kontrollierter Import- und Innovationsentscheidungen – machten römische Religion aus. Kodifikationen religiöser Traditionen fehlten ohnehin. Die Idee, Religion als Wissen zu kodifizieren, trat in Rom erst in der späten Republik auf und wurde erst in Schriften aus der Mitte des ersten Jahrhunderts v. Chr. umgesetzt: Lukrezens „Über die Natur der Dinge" am Beginn, Ciceros zweites Buch „Über die Gesetze" am Ende der fünfziger Jahre v. Chr., Varros „Altertümer der menschlichen und göttlichen Dinge" wenige Jahre später. Alle blieben weitgehend wirkungslos.[30] Erst der Versuch, religiöse Gruppenbildungen, die nicht mit politischen oder alten kulturellen Grenzen zusammenfallen, auf Dauer zu stellen, führte zu erfolgreichen Kanonisierungsprozessen auf der Basis alter Texttraditionen: So versuchten sich „Judentum" und „Christentum" selbst zu erfinden und voneinander zu unterscheiden.[31]

Vor dem skizzierten Hintergrund verbietet es sich, „Religion" als Organisation zu fassen oder primär von ihren – sicherlich zentralen – Zeichen her zu untersuchen. Im Zentrum müssen, wie im zweiten Teil ausgeführt werden wird, die handelnden Individuen und ihre sozialen Kontexte stehen, ihr Handeln, ihre Erfahrungen und Identitäten. Religion erschließt sich vor allem als eine spezifische Form von kommunikativem Handeln: Menschen versuchen mit „Göttern" in Kontakt zu treten, kommunizieren mit ihnen und wiederum untereinander über jene die Götter betreffende Kommunikation. Auf diese Kommunikation und ihre Medien in der Kaiserzeit muss sich nun wieder der Blick richten. Im Spiegel der Inhalte und Medien solcher Kommunikation wird deutlich, in welchen Formen und in welchem Maße sich das *Imperium Romanum* als ein als Einheit zu verstehender religionsgeschichtlicher Raum darstellt, eine religiöse „Koine" aufwies.

---

28 Belayche et al. 2005; Rüpke 2007b, 2013b.
29 Simmel 1908, 203–206.
30 Siehe in langer chronologischer Perspektive Rüpke 2014a.
31 Stroumsa 2005, vgl. aber Rüpke 2016e.

3 Inhalte und Medien überregionaler Kommunikation

Wenn im Zusammenhang von Religion von „symbolischer Kommunikation" gesprochen wird, ist damit impliziert, dass Kommunikationsinhalte insbesondere in den Medien zum Ausdruck kommen.[32] Das gilt vor allem angesichts einer Quellenlage, in der Dedikationsinschriften, die im Wesentlichen die göttlichen Adressaten und die Stifter nennen, einen Großteil der Zeugnisse ausmachen. Dennoch möchte ich analytisch Inhalt und Medium trennen, also einen kommunikations-, nicht einen medientheoretischen Zugang wählen. Anlass des Rituals, der Weihung konnten sowohl unmittelbar private oder lokale wie überregionale Intentionen sein. Ein Beispiel für letzteres liefern die Weihungen an *Victoriae* in *Africa*.[33] Zwar ist die gehäufte Verehrung einer Siegesgöttin in Grenzregionen und strategischen Orten nicht weiter verwunderlich. Aber Dedikationen an *Victoria Parthica* oder *Armeniaca* im selben Gebiet zeigen, dass Dedikanten ihre Situation nicht nur im lokalen Rahmen, sondern im Rahmen des Gesamtreichs interpretierten.[34]

Eine vergleichbare Rückbindung lokalen Handelns an die Reichsebene, vermittelt durch die Person des Kaisers, besteht in den stereotypen Dedikationen *pro salute imperatoris*, „für das Wohl des Kaisers", die mit den unterschiedlichsten Adressaten und eigenen Anliegen verbunden werden können. Diese Semantik lässt sich im gesamten römischen Reich nachweisen. Viele Entwicklungen blieben aber regionaler Natur. Das weitgehende Fehlen von Städten und entsprechenden Priesterstrukturen zugunsten tempelbezogener und zentralisierter Priesterschaften charakterisierte Ägypten.[35] Der Kult des Senats blüht in Asien, ablesbar etwa an jugendlichen *Genius-senatus*-Darstellungen auf Münzen.[36] Nicht einmal für die überregionalen Kaiserkultstätten ganzer Provinzen oder Räume, die *ara trium Augustorum* (Lugdunum), die *ara Ubiorum* (Köln), oder die griechischen *koina* (Provinzorganisationen), lässt sich ein flächendeckendes Organisationsprogramm nachweisen, auch wenn die Diffusion durch die faktische Praxis von Mitgliedern der Provinzialadministration nicht unterschätzt werden darf.[37] Selbst auf dieser Ebene fehlte indes ein Interesse an einer institutionellen Isomorphie der religiösen Dimension der Provinzverwaltung.[38]

---

32 Siehe etwa Rehberg 2004; Schörner und Šterbenc Erker 2008; Degelmann 2017.
33 Smadja 1986.
34 Siehe ebd., 509–514.
35 Frankfurter 1998, 242.
36 Schörner 2013.
37 Haensch 1997, 2006.
38 Siehe die Befunde in Fishwick 2002.

Der Kult der *domus divina* blühte in der *Germania superior*.³⁹ Dieser Befund ist nicht wirklich überraschend. Die zirkummediterrane Geographie ist durch eine kleinräumige Gestaltung ausgezeichnet; das Meer ermöglicht zwar schnelle Verbindungen, die sich vereinzelt schon im zweiten vorchristlichen Jahrtausend greifen lassen und im Gefolge Alexanders des Großen intensiviert wurden; die Kleinräumigkeit führt aber gerade unter der Kontaktmöglichkeit auch zu regionalen Differenzierungen.⁴⁰

Wenn man dennoch nach einer religiösen Koine fragt, findet man sie leichter auf medialer Ebene. Die Überlieferung römerzeitlicher religiöser Praktiken wird durch Weih- und Grabinschriften dominiert: ein mediengeschichtlich spannender Befund, der leicht hinter Statistiken von Götternamen und dem Versuch von Sozialstatistiken der Dedikanten verloren geht. Die Errichtung von dauerhaften Monumenten als Schriftträger oder mit Schriftträgern, die in den nicht griechisch geprägten Kulturräumen im ersten nachchristlichen Jahrhundert begann und erst in der zweiten Hälfte des zweiten Jahrhunderts ihren Höhepunkt erreichte, bevor sie in nachseverischer Zeit, also seit der Mitte des dritten Jahrhunderts dramatisch einbrach, war als Praxis nicht nur Indikator von Romanisierung und Alphabetisierung, sondern selbst eine Veränderung religiöser Praxis mit weitreichenden Folgen.⁴¹ Religiöses Handeln gewann dadurch eine kommunikative Dimension, die über die am Bitt- oder Dankritual Beteiligten weit hinausging. Religiöses Handeln wurde in hohem Maße individualisiert⁴² und dauerhaft dokumentiert. Auch dort, wo göttliche Adressaten nicht durch Kultbilder oder klare Ortszuweisungen präsent waren, konnten sie über ihre schriftliche Nennung differenziert markiert und dauerhaft präsent gemacht werden. Jenseits der oft beschränkten kultischen Infrastruktur gab es damit Raum für Traditionsbildungen wie hochindividuelle Ausdrucksformen kultischer Kompetenz.⁴³

Üblicherweise⁴⁴ verwies das permanente Medium der Weihinschrift auf ein ebenso verbreitetes Ritual zurück, das „Gelübde" (*votum*). In Notsituationen, in gesundheitlichen oder wirtschaftlichen, aber auch politischen und militärischen Krisen eröffnete dieses Ritual eine intensivierte Form der Kommunikation mit Gottheiten und unter Umständen den Einsatz von situationsspezifisch un-

---

39 Herz 2003.
40 Horden und Purcell 2000; vgl. Horden und Purcell 2005. Siehe auch Samellas 2009.
41 Siehe Haensch 2007.
42 Beard 1991.
43 Rüpke 2016f, 309–313 und 321–326.
44 Zur Differenzierung siehe Rüpke 2018a.

geeigneten oder gar noch nicht vorhandenen Mitteln: Für Gesundung etwa wurde ein Weihgeschenk versprochen. Diese einseitige Kommunikation wurde im Erfolgsfall häufig monumentalisiert, die versprochene Statue nach der Genesung mit einer Basis und einer Inschrift versehen, die selten medizinische Details, wohl aber die Kommunikationspartner und den Kommunikationstyp – das Gelübde – benannte: *votum solvit lubens merito*, „das Gelübde hat der Stifter gerne weil verdientermaßen eingelöst". Das war ein so geläufiges Formular, dass es regelmäßig als *VSLM* abgekürzt wurde.

Auch andere Rituale, die weit mehr Infrastruktur verlangten, wurden Teil dieser Koine. Wettkämpfe und Inszenierungen (*ludi circenses* und *scaenici*), die den improvisierten, vielfach aber monumentalisierten Bau von Theatern und Amphitheatern notwendig machten,[45] gewannen wohl die meiste Popularität – weit über die zeitlichen Grenzen der Antike hinaus! Von *Africa* bis Britannien lässt sich an der Existenz solcher Bauwerke das Vorhandensein römischer Kultur ablesen,[46] es waren wenige Städte, etwa im syrischen Raum, die sich dieser Form von Religion verschlossen.[47] Weitere architektonische Zeichen wie der Tempelbau und anthropomorphe Statuen breiteten sich – auf eine schon verbreitete ost-mediterrane Tradition zurückgreifend – noch intensiver aus, als es bereits seit der Mitte des ersten Jahrtausends v. Chr. – bis in die keltische Welt hinein – vereinzelt der Fall gewesen war. Das blieb nicht ohne Bedeutung für die Formierung polytheistischer Religion überhaupt, die so über die Sprache und die Wahl von „natürlichen" Orten hinaus eine Möglichkeit gewann, Differenzierungen zwischen göttlichen Gestalten auf Dauer zu stellen.

Die Attraktivität dieser religiösen Techniken hat im *Imperium Romanum* zahllose Mischformen hervorgebracht. Unterschiedliche Attribute für dieselbe Gottheit und unterschiedliche Namen für das gleiche ikonographische Zeichen waren dabei die geläufigsten. Auch in alten und komplexen religiösen Traditionen konnten die neuen „Moden" aufgenommen werden, erschienen syrische Tempel auf den ersten Blick als klassisch griechisch-römische Bauten, die erst bei näherem Hinsehen andersartige Rituale und vielleicht auch theologische Konzepte vermuten lassen: Wo das Dach des griechisch-römischen Tempels ein Regenschutz war, wurde es hier wie in ägyptischen Bauten zu einem wichtigen Raum kultischer Aktivitäten.

Interessant ist auch ein Blick auf Kalender in ihrer medialen Form – vor allem als *fasti* – wie ihrer sozialen Praxis, der Durchführung kalendarisch notier-

---

45 Siehe Bernstein 1998; Sear 2006.
46 Für Gallien siehe Lobüscher 2002.
47 Dazu Sartre 2005, 299–318.

ter Rituale. Schon seit dem Beginn des zweiten Jahrhunderts v. Chr. gewann der Kalender mit seinen Feiertagen (*feriae*) und Tempelstiftungsfesten (*dies natales templorum*) als Medium historischer Erinnerung[48] und ihrer Aktualisierung in religiösen Praktiken in Latium an Verbreitung. Aber erst die Kalenderreform Caesars im Jahr 46 v. Chr. verschaffte der graphischen Form des Jahreskalenders, eben den *fasti*, eine Popularität, die zu den teilweise großformatigen italischen Marmorkalendern der Augusteischen und Tiberianischen Zeit führte. Diese registrierten zwar zunächst Daten stadtrömischer Religion in großer Breite, insbesondere die neuen Stiftungsfeste der zahlreichen Restaurierungen von Tempeln,[49] doch die wachsende Zahl der Kaiserfeste mit ihren ausführlichen historischen Notizen („weil an diesem Tag der Angehörige des Kaiserhauses X die Tat Z beging") dominierte schnell den Kalender, wie die *Fasti Amiterni* Tiberianischer Zeit zeigen.

Das hatte mediale Konsequenzen: Marmor war kein geeignetes Material, um das schnelle Wachstum der Kaiserfeste, aber auch die Bereinigung beim Thronwechsel unmittelbar nachzuvollziehen. Inhaltlich zeigen die späteren Texte,[50] dass die Schichten von Festen der großen Dynastien – Augustus, Vespasian, die Adoptivkaiser, die zeitgenössischen Herrscher – den Kalender dominierten, darüber hinaus aber außerhalb Roms nur einzelne Elemente stadtrömischen Kultes enthielten. Hier wurden die Festlisten lokal gestaltet. Aber nach den Flavischen *leges municipales* wurden Tage „wegen der Verehrung des Kaiserhauses" als Ausschlusstage für Gerichtssachen definiert.[51] Als Tage für lokale öffentliche oder private Rituale genossen sie einen hohen Rang.[52]

In einer Welt zahlreicher lokaler Kalender war die Bedeutung gemeinsamer, korrekt übersetzter Festdaten sowohl als Bestätigung alter persönlicher Zeitraster von „Migranten" wie als Zeichen der translokalen Konstanz dieser religiösen Kommunikationsform nicht zu unterschätzen. Die auf das Herrscherhaus wie verstorbene Kaiser bezogenen Kultdaten prägten schon im ersten Jahrhundert n. Chr. den Kalender nicht nur in Mittelitalien. Kalenderreformen unter Caesar und Augustus orientierten sich vielfach in ihren jährlichen Fixpunkten wie in den Monatsnamen am Kaiserhaus. Die Kalenderreform in der Provinz *Asia* mit

---

48 Rüpke 2015c.
49 Zum Datumswechsel bei Restaurierungen Galinsky 2007, 73f.
50 So insbesondere der monumentale Wandkalender der stadtrömischen *Fasti porticus* (Rüpke 1995, 86–90) wie das *Feriale Duranum*, die ebenfalls severische Liste von Militärfesten, aus dem mesopotamischen Garnisonsort (P. Dura 54 = Fink 1971, Nr. 117).
51 C. 92 = *Lex Irnit*. 10 B 25–51; siehe Rüpke 1995, 540–546.
52 Herz 1975.

ihrem Jahresanfang am Geburtstag des Augustus liefert dafür ein gutes Beispiel.[53]

Die Reichweite des Herrscherkultes war aber größer. Die Bitte um die Einrichtung eines solchen Kultes seitens einer Stadt, etwa im griechischsprachigen Osten, war Element einer intensiven Kommunikation dieses Teils der Peripherie mit der Zentrale, mit Rom, aber auch Teil einer Kommunikation innerhalb der Peripherie, zwischen Städten im Wettbewerb um die größere regionale Bedeutung, um die prachtvollste urbanistische Gestaltung. Der Titel eines *Neokoros*, eines „Hüters des Herrscherkultes", markierte eine Auszeichnung in diesem zwischenstädtischen Prestigewettbewerb. Aber es waren nicht nur juristische Personen wie Städte, die hier kommunizierten. Innerhalb der Städte waren es wenige oder einzelne, die über die Mittel zu solchen Projekten und die notwendigen Kontakte zu Provinzverwaltung, römischen Patronen oder stadtrömischen Ansprechpartnern verfügten. Simon Price hat ausführlich dargestellt, wie lokale Eliten den Kaiserkult als Handlungsraum zu gestalten verstanden, der Kompetenz und Großzügigkeit, städtische Solidarität und gesellschaftliche Überlegenheit – und bei all dem auch Loyalität zur politischen Führungsmacht – darstellen ließ.[54]

4 Konzeptionen „unserer" und „anderer" Religion und Religionen

Wie wurden die Entwicklungen reflektiert? Welche Begriffe standen zur Verfügung? Und was ließ sich mit diesen Begriffen machen? Ein Ausgangspunkt für diese Frage lässt sich bei den schon erwähnten Texten der 50er und 40er Jahre des ersten Jahrhunderts v. Chr. gewinnen.

Zunächst ist festzustellen: Schon für Cicero war das „Wir" problematisch geworden. An der Oberfläche des Textes der „Gesetze", im rhetorischen Gestus betrieb Cicero Universalisierung. Diese Universalisierung erfolgte auf einer naturrechtlichen Basis, die Cicero im ersten und zweiten Buch ausführlich darlegte.[55] Das betrifft in besonderer Weise das Religiöse. Die Welt bildet eine Einheit von Göttern und Menschen (1,23). So lässt sich auch die religiöse Praxis naturrechtlich gewinnen (1,60). Entsprechend galten die *leges de religione* (2,17) „nicht allein dem römischen Volk, sondern allen guten und starken Völkern"

---

53 Laffi 1967.
54 Price 1984.
55 Dazu ausführlich Girardet 1983.

(*non enim populo Romano sed omnibus bonis firmisque populis leges damus*, 2,35).

Und doch betrieb Cicero zur gleichen Zeit Abschließung. Als „gute und starke Völker" nannte Cicero neben dem römischen Volk faktisch allein die Griechen. Die Formulierung der Regelungen sollte sicherstellen, dass auch ihre legitimen Traditionen zum Erlaubten zählten, wie der Kommentar immer wieder deutlich machte.[56] Hier trat neben ein „Wir" ein (an den Gesprächspartner Atticus gerichtetes) „Ihr", das aber beide verbindet. Das aber machte nur noch deutlicher, wie sehr unter dem Vorzeichen der Universalisierung faktisch Ausgrenzung betrieben wurde.

Gegen den ersten Anschein ist Ciceros Verbot aber auch Indikator eines Erfolges. Cicero verfasste seine Gesetze nicht nur aus der Perspektive der institutionalisierten öffentlichen Kontrolle durch die ausführlich beschriebenen Priesterschaften. Die Formulierung erfolgte vor dem Hintergrund einer Moral, die durch adlige Tugenden geprägt war. Diese wurden im ersten Buch unmissverständlich aufgelistet: *liberalitas, patriae caritas, pietas, bene merendi de altero* [...] *voluntas, referendae gratiae voluntas* – Generosität, Vaterlandsliebe, Frömmigkeit, Fürsorge, Dankbarkeit (1,43). Die *constitutio religionum* aber richtete sich an alle Bürger, setzte eine Generalisierung der oberschichtlichen Normenwelt voraus. Immerhin waren erst durch die *lex Ogulnia* von 300 v. Chr. die wichtigen Priesterschaften für Plebejer geöffnet worden. Die Frage, ob möglicherweise nur Patrizier originär das Recht zur Auspikation haben, wurde bis in die augusteische Zeit hinein diskutiert.[57]

Der sich hier ergebende Demokratisierungsprozess hatte eine höhere Disziplinierung zur Folge, wie sich auch in anderen hellenistischen Städten (Rom schließe ich in diese Gruppe ein) ablesen lässt: Theophrasts Charakterzeichnung des *deisidaimon* („Gottesfürchtigen" beziehungsweise bei Theophrast schon „Abergläubischen") geht Ciceros Gesetzen deutlich voraus. Die Wahl der Gattung „Recht" und „Gesetze" macht das politische Interesse, das Interesse an einem Reformprogramm klar.[58] Dass Cicero auf die Publikation verzichtete, unterstreicht das nur: Die politische Basis einer rechtlichen Kodifizierung ging ihm mit der Entwicklung des Bürgerkrieges gerade verloren. Die juristische Systematisierung normierte so präzise, dass sie die Möglichkeiten von Sanktio-

---

56 Z.B. Cic. *nat.* 2,26. 28. 29. 35–41. 45. 56. 59. 62–67. 69. Selbstverständlich fallen darunter auch Beispiele von griechischer Religion in Kleinasien.
57 Siehe Baudry 2008; Baudry 2016; Rüpke 2010a.
58 So Rawson 1991.

nen eröffnete, auch wenn diese nur in wenigen Fällen in *De legibus* expliziert wurden. Die Strafwürdigkeit religiösen Fehlverhaltens wurde denkbar.

Wie stellen sich vor diesem Hintergrund die Grenzen der eigenen religiösen Praktiken und Zeichen und die Möglichkeit ihrer Ausweitung dar? Es ist bemerkenswert, dass sich Cicero bereits im zweiten Absatz seiner Religionsgesetze mit dem Problem des religiösen Separatismus (*separatim nemo habessit deos neve novos neve advenas* [...] – „niemand sollte eigene neue oder fremde Kulte haben [...]") befasste. Aber er „löste" das Problem, indem er es in eine – offensichtlich brüchige – Dichotomie von Privat und Öffentlich, und eben zugleich: der öffentlichen, priesterlichen Kontrolle des Privaten verschob. Außengrenzen wurden damit nicht reflektiert. So wie die Römer ihre öffentliche *religio* (im Singular) hatten, so hatten Andere ihre eigenen *religiones*: „Jedes Gemeinwesen hat seine Religion und wir die unsere, Laelius" (*sua cuique civitati religio, Laeli, est, nostra nobis*) formulierte er in der Rede für Flaccus.[59] Das ließ weder Wahl- noch Kooperationsmöglichkeiten zu – und vor allem reflektierte es nicht die komplexe Zusammensetzung der römischen Bevölkerung,[60] die ja genau das Ausgangsproblem, die Wahl neuer und importierter Götter, geschaffen hatte.

Ähnlich begrenzte Lösungen fanden sich auch in jener Konzeptualisierung von Religionsrecht, die wenige Jahre später die erstmals in der *Lex Ursonensis* greifbaren Regelungen für römische Kolonien und Munizipien boten.[61] Religion wurde nur in jenem kleinen Bereich geregelt, der die Gefahr der Interferenz mit administrativen Strukturen barg. Für diesen Bereich gab es einen entsprechenden (und kleinen) Apparat an *sacerdotes publici* und Verfahren zur Definition eines Festkalenders. Regeln über Kulte beschränkten sich im Falle Ursos auf die kapitolinische Trias und den von dem Gründer der Kolonie favorisierten Venus-Kult, in den Flavischen Munizipalgesetzen, wie schon gezeigt, vor allem auf den Kult der kaiserlichen Familie. Gellius beklagte im zweiten Jahrhundert n. Chr. sogar das Fehlen klarer Regeln, die die Rom-Ähnlichkeit der Kolonien sicherstellten.[62] Ein weiter Bereich von Religion blieb somit ungeregelt, weder privilegiert noch verboten. Damit wird deutlich, dass es auch im zweiten Jahrhundert, auf dem Höhepunkt der geographischen Ausdehnung des römischen Reiches, keinen bewussten „Export" von Religion gab. Wenn etwas exportiert wurde, war es ein implizites Konzept von Religion: von Religion im öffentlichen Raum. Dieses ließ sich – der Einfachheit, nicht eines Systemszwanges halber – mit

---

59 Cic. *Flacc.* 69.
60 Siehe Noy 2000.
61 Lex Ursonensis: *ILS* 6087.
62 Gell. 16,13,9, dazu Ando 2008, 431.

einigen wenigen religiösen Zeichen (*domus divina*, *divus* Augustus, Iuppiter, kapitolinische Trias) füllen.

Das Fehlen eines bewussten Kultexports rückt im übrigen die faktische Rolle des Heeres in ein klareres Licht.[63] Als Transporteur von Religion (zentralen Kulten zunächst) kann das Heer kaum überschätzt werden.[64] Das hängt mit seiner Mobilität zusammen, aber auch der Selbstverständlichkeit einer differenzierten religiösen Praxis, die weiterer Differenzierung zugänglich war. Die bevorzugte ökonomische Position von Legionären, das Prestige dieser Position und damit die Stärke des Wunsches, Zugehörigkeit zu dieser Organisation zu demonstrieren, sowie schließlich die Kommunikationssituation in weiter räumlicher Trennung von allen „natürlichen" Bezugsgruppen hatten die mediengeschichtlich entscheidende Konsequenz, Schriftlichkeit zu privilegieren. Wenn Verwandte nicht greifbar waren, allenfalls Vereinsgenossen aus einer militärischen Einheit, die immer eine Verlegung zu gewärtigen hatten, schien Schrift die Chancen eines individuellen Totengedächtnisses zu erhöhen. Dass auch die Wirkung einer Grabinschrift nur von begrenzter Dauer war, zeigen dichte Folgen von Bestattungen an gleicher Stelle, die auf die Lage älterer Gräber keine Rücksicht mehr nahmen.[65] Römische und antik-mediterrane Inschriftenkultur fanden somit gerade über soldatische Grabsteine und Weihungen Eingang in provinziale religiöse Praktiken. Die auf deren Leserschaft und die Autoren beschränkte Verbreitung römisch-griechischer Kultpraktiken lässt sich gerade an der Frühphase der Romanisierung der nordwesteuropäischen Provinzen ablesen.[66]

Dennoch finden sich Ansätze zu einer weitergehenden Reflexion. Sie nehmen zunächst ihren Ausgangspunkt von Einzelbeobachtungen. Aufgeschreckt durch einen berühmten Fall von Betrug aus sexuellen Motiven, beriet der Senat im Jahr 19 n. Chr. über die Entfernung von *sacra Aegyptia Iudaicaque*, von „ägyptischen und jüdischen Kulten".[67] Auch wenn die Maßnahmen ethnische und politische Implikationen nahelegen, muss die religiöse Dimension eine wichtige Rolle gespielt haben: Anhänger des Kults wurden ungeachtet ihrer ethnischen Identität verbannt. Religion ist auch Teil der von einem gewissen C. Cassius vor dem Senat gehaltenen Rede, die Tacitus ihm in seiner Schilderung

---

63 Zu religiösen Praktiken im stehenden Heer der Kaiserzeit Rüpke 1990, 165–198; Stoll 2001; Popescu 2004; Gordon 2009; Wolff und Le Bohec 2009; Haynes 1997; Haynes 2013.
64 Siehe Rüpke 2007c.
65 Für diesen Hinweis danke ich John Scheid.
66 Siehe Irby-Massie 1999, 160; Woolf 1998.
67 Tac. *ann.* 2,85,5.

der Diskussion über die kollektive Tötung von Sklaven nach der Ermordung des Stadtpräfekten Pedanius Secundus durch einen Sklaven in den Mund gelegt hat.[68] Die durch die Strukturen, Bedürfnisse und Ansprüche des römischen Reiches ermöglichte außergewöhnliche Mobilität führte zu einer permanenten Modifizierung der religiösen Landschaft. Ein Beobachter wie Minucius Felix, der Erfahrungen in Rom und Nordafrika gesammelt hatte, erkannte dies deutlich und verwies auf die Zeit, „bevor die Erde offen für den Handel war und die Völker ihre Riten und Verhaltensweisen vermischten".[69]

Das Verhältnis von „wir" und „anderen" blieb in all diesen Vorstellungen ambivalent. Cicero hatte seine Problemanzeige auf die Götter fokussiert, aber er wusste, dass das keine angemessene Beschreibung des Problems war. Im Fortgang des Textes wandte er sich den Ritualen zu und formulierte seine Eingangsregel um: *Ex patriis ritibus optuma colunto* – „aus den traditionellen Riten ist das Beste auszuwählen zur Anwendung im Kult" (2,22).[70] Es folgt eine Ausnahmeregel für den Kybele-Kult, aber eine begriffliche Fassung für das Fremde bot Cicero auch hier nicht.

Im zweiten Jahrhundert n. Chr. war die Systematisierung von Kulten weiter vorangeschritten. Der Lexikograph Festus bot zwar keine schärfere Differenzierung von öffentlichem und privatem Kult, führte aber weitere Unterkategorien an:

> Publica sacra, quae publico sumptu pro populo fiunt, quaeque pro montibus, pagis, curis, sacellis: at privata, quae pro singulis hominibus, familiis, gentibus fiunt.
>
> „Die öffentlichen Kulte sind jene, die auf öffentliche Kosten gefeiert werden, für das (römische) Volk, und jene, die zu Ehren des *Septimontium*, der *pagi* (der Dörfer im Umfeld), der *curiae* (der 30 alten Stimmbezirke) und der „Heiligtümer" (vielleicht der 27 Argeer-Schreine innerhalb der Servianischen Stadtmauer) gefeiert werden. Private Kulte sind dagegen diejenigen, die für Individuen, Familien und die *gentes* (die namensgleichen Sippen) gefeiert werden" (Festus 284, 18–21; Lindsay 1913).

Die Klassifikation könnte auf Festus' wichtigste Quelle, den spätaugusteischen Antiquar Verrius Flaccus zurückgehen, da wir dieselbe Klassifizierung bei dem augusteischen Historiker Dionysios von Halikarnassos finden.[71] Vermutlich im

---

[68] Tac. *ann.* 14,4,3.
[69] Min. Fel. 20,6.
[70] Der Kommentar legt die Zirkularität der Argumentation in erstaunlicher Offenheit dar. Da sich auch die Traditionen verändern, muss das Beste als am ältesten und den Göttern am nächsten gelten (2,40).
[71] Dion. H. *ant. Rom.* 2,65,2.

Rückgriff auf dieselben Quellen berichtet der spätantike Autor Macrobius von „individuellen Feiertagen" (*feriae* [...] *singulorum*), zu denen er Geburtstage, Rituale, die auf Blitze reagieren, Bestattungen und Entsühnungen zählt.[72]

Offensichtlich entsprach die so konstruierte Typologie der sozialen Formen von Religion nicht den sozialen Gruppen, die tatsächlich agierten. Der ganze Bereich der Kollegien fehlte. Die Terminologie zeichnete das Bild einer harmonischen Gesellschaft, die mit dem Haushalt beginnt, sich in den *gentes* fortsetzt und schließlich, in Details wie im allgemeinen, bei der Öffentlichkeit ankommt. Das hatte mit der Realität divergierender Interessen, sozialer Barrieren, physischer Mobilität und individueller Abgrenzung nichts zu tun.[73] Eine Kategorie wie *elective cults* fehlte.

Gleichermaßen fehlte auch der Blick auf die Folgen von Mobilität. Die wenigen Begriffe, die Festus – wohlgemerkt an anderen Stellen – lieferte, und die ebenfalls auf Verrius zurückgehen dürften[74], legen die Grenzen der Konzeptualisierung offen.

> Peregrina sacra appellantur, quae aut euocatis dis in oppugnandis urbibus Romam sunt +conata+, aut quae ob quasdam religiones per pacem sunt petita, ut ex Phrygia Matris Magnae, ex Graecia Cereris, Epidauro Aesculapi. Quae coluntur eorum more, a quibus sunt accepta.

> „Fremde Kulte werden jene genannt, die für Götter vollzogen werden, die entweder aus belagerten Städten nach Rom ‚herausgerufen' wurden oder in Friedenszeiten aufgrund bestimmter religiöser Bedenken eingeholt worden sind, wie die Mater Magna aus Phrygia oder Ceres aus Griechenland oder Äskulap aus Epidaurus. Sie werden nach dem Brauch jener verehrt, von denen man sie empfangen hat" (Fest. 268, 27–33; Lindsay 1913).

Die Definition zeigt, dass hier die von Cicero mit *publice acceptos* beschriebenen Kulte – bereichert um die evozierten Götter[75] – zusammengefasst wurden. Auch für diese Götter galt, dass sie in den traditionellen Ritualen zu verehren waren. So blieben sie phänomenologisch „fremd" (aber nicht feindlich); die von Beginn an einsetzende Assimilation wurde nicht reflektiert.

Genau diese Regeln zeigten sich in einem weiteren Begriff desselben Typs:

> Municipalia sacra uocantur, quae ab initio habuerunt ante ciuitatem Romanam acceptam; quae obseruare eos uoluerunt pontifices, et eo more facere, quo adsuessent antiquitus.

---

72 Macrob. *Sat.* 1,16,8.
73 Rüpke 2006a, 30f.
74 So auch Ando 2008, 134.
75 Dazu Ferri 2010.

„‚Landstädtisch' werden jene Kulte genannt, die diese von Anfang an hatten, noch bevor sie das römische Bürgerrecht empfingen, und von denen die Pontifices wollten, dass jene (Städte) sie weiter pflegten und auf jene Weise durchführten, wie sie es von alters her gewohnt waren" (Fest. 146, 9–12; Lindsay 1913).

Wie Ciceros Rede von der Religion jedes Bürgerverbandes schon früher gezeigt hat,[76] war es einfach, sich „Religion" eines anderen politischen Verbandes vorzustellen. Demgegenüber wurde die Bildung oder Stabilisierung von sozialen Gruppen oder Netzwerken durch gewählte Religion nicht reflektiert. Es war auch nicht der Begriff „Religion" (im Singular oder Plural), der dafür in der Folgezeit zur Anwendung kam. Relevant wurden zwei Begriffe, die aus einem anderen Feld stammten. *Secta*, Übersetzung des griechischen αἵρεσις, diente seit hellenistischer Zeit zur Unterscheidung philosophischer Schulen. Entsprechend konnten andere untereinander vergleichbare Wahlmöglichkeiten in der Sprache philosophischer Richtungen ausgedrückt werden. Impliziert war damit ein gruppenspezifisches Wissen wie eine besondere Lebensführung. Auf beides zielte auch der Begriff *disciplina*. Schon in der späten Republik konnte er auf besondere Arten religiöser Wissensträger angewandt werden, auf Magier, *haruspices*, sogar Auguren. Auf Religionen wurde er umfangreicher bzw. für uns erkennbar erst in den christlichen apologetischen Texten seit dem ausgehenden zweiten Jahrhundert übertragen. In offiziellen Texten erscheint er nicht vor dem vierten Jahrhundert.

Die terminologische Entwicklung verlief, wie noch deutlicher werden wird, durchaus parallel zur religiösen, der intellektuellen wie der institutionellen. Das betraf sowohl die Entwicklung von Lehrbeständen und Ethiken – religiösem Wissen also – als auch das Interesse, Grenzen zu ziehen, Gruppen zu konstituieren. Zu diesen lang laufenden Prozessen traten kontingente Ereignisse hinzu.

---

76 Cic. *Flacc.* 69.

II Veränderungen

1 Versuch einer Entwicklungsskizze für die Kaiserzeit

Wie lässt sich vor dem Hintergrund der skizzierten Koine und den zunächst begriffsgeschichtlich erfassten Veränderungen die Entwicklung in der Kaiserzeit näher beschreiben? Zu beginnen ist mit einer negativen Feststellung. Eine bewusste Religionspolitik in einem umfassenden Sinne gab es nicht. Weder kann von einer politisch entworfenen Reichsreligion noch auch nur einem zentral gesteuerten und flächendeckend realisierten Kaiserkult die Rede sein.[1] Die Konzeptualisierung des „Imperium" selbst blieb in zentralen rechtlichen Bereichen – etwa für das Bodenrecht mit seinen religionsrechtlichen Konsequenzen – unzureichend; es war daher je lokale Aufgabe provinzialer Rechtssetzung und Rechtspraxis die Analogie mit den stadtrömischen Kategorien herzustellen.[2]

Dennoch lassen sich schnell Beobachtungen über räumlich umfassende Veränderungen zusammenstellen. Gesetze über religiöse Praktiken oder Institutionen füllen für die ganze römische Republik bis weit ins dritte Jahrhundert n. Chr. hinein nur wenige Seiten; der *Codex Theodosianus* füllt dann ein ganzes Buch, das sechzehnte, mit Normen des vierten und frühen fünften Jahrhunderts.[3] Eine andere Beobachtung weist in ähnliche Richtung. Religiöse Konflikte mit größerer Beteiligung lassen sich für die republikanische Epoche für Rom und Italien nur sehr selten greifen: im Bacchanalienskandal des frühen zweiten, einer Ausweisung von Judäern im selben Jahrhundert (wie auch erneut im ersten Jahrhundert n. Chr.) und dem Kampf um die Errichtung eines Isis-Tempels im Stadtzentrum in der Mitte des ersten Jahrhunderts v. Chr. Auch jenseits von Rom war etwa in den zahlreich erhaltenen Prozessreden aus Athen des vierten Jahrhunderts v. Chr. Religion nur ein Element unter vielen.[4] In Plinius' Christenbriefen am Beginn des zweiten Jahrhunderts n. Chr. ist die kriminalistische Auseinandersetzung mit religiösen Gruppen für einen hocherfahrenen Spitzenbeamten absolutes Neuland, das Judentum bleibt unerwähnt; im dritten Jahrhundert aber, im Gefolge der *Constitutio Antoniniana*,

---

1 Siehe bes. Ando 2000; Cancik und Hitzl 2003; Rüpke 2007d.
2 Vgl. Gaius, *Inst.* 2, 7a: Quod in provinciis non ex auctoritate populi Romani consecratum est, proprie sacrum non est, tamen pro sacro habetur, mit Plin. *epist.* 10.50 (Trajan). Siehe oben S. 10 Anm. 22 zum Babatha Archiv.
3 Dazu Reichardt 1978; Salzman 1987; Dillon 2012; Jacobs 2014; siehe auch Boyarin 2004b.
4 Dazu demnächst Rebecca van Howe, King's College, London.

wird in den Decischen Verfolgungen Religion zu einem flächendeckenden Indikator von Loyalität.

Unzweifelhafte und zählbare Veränderungen finden sich auch anderweitig. Bis ins dritte Jahrhundert n. Chr. blieben Informationen über religiöse Präferenzen von Kaisern und Magistraten im Wesentlichen folgenlose Anekdoten, interessant ist das Exotische oder Übertriebene. Im vierten Jahrhundert aber wurden religiöse Präferenzen zu Karrierevoraussetzungen – in Rom und Konstantinopel nicht anders als ab dem siebten Jahrhundert im Bereich des *Imperium Islamicum*. Religion wurde wichtiger in den produzierten schriftlichen Quellen wie im Leben der Einzelnen überhaupt.[5] Das veränderte auch die alltägliche gelebte antike Religion.

Sieht man diese Entwicklungen zusammen mit den oben vorgelegten begriffsgeschichtlichen Daten, zeugen die beschriebenen Reflexionen und Praktiken von einer wachsenden Komplexität und Bedeutung von Religion. Kult war mehr als die natürliche Folge aus einer religiösen Neigung gegenüber einer kontingenten Gottheit. Er unterlag einer rationalen Erklärung. Er wurde universalen Maßstäben von Menschlichkeit unterworfen. Er war ein notwendiger Teil der Lebensweise einer Person, auf den die Trennung zwischen öffentlich und privat nicht angewandt werden konnte. Er war ein wirtschaftlicher und politischer Faktor. Er war der Anknüpfungspunkt für religiöse Diskurse, die zu einer wichtigen Form von „Theologie" wurden. Diese Elemente waren weder neu noch beständig. Sie fügten sich zusammen mit Veränderungen in der Terminologie, mit der Kontrolle von *religio* durch *ratio* und *fides*.[6] Die genannten Elemente fielen aber auch zusammen mit einem Beharren auf *vera religio*, „wahrer Religion", mit *disciplina*, Lebensweise, und Moral[7] sowie *secta*, einer Gruppierung, die weder öffentlich noch privat war. Christen deckten die Ursprünge der Spiele auf und behaupteten, sie seien religiöse Ereignisse.[8] In den westlichen Provinzen wurde Religion durch Nutzung von Inschriften und Architektur eines der wichtigsten Medien öffentlicher Kommunikation.

Religion wurde damit komplexer. Religiöse Praktiken, Netzwerk- und Gruppenbildung, philosophische Reflexionen verdichteten sich, wurden stärker miteinander verknüpft. Religion nahm unter den kollektiven Identitäten der Menschen einen wichtigeren Platz ein: die Einzelnen sahen sich häufiger (wenn

---

5 Rüpke 2014c.
6 Isid. *Diff.* 2,139.
7 Siehe Veyne 2005, 454f.
8 Tert. *spect.*; Lact. *epit.* 58.

auch insgesamt noch immer selten) als Angehörige einer religiösen Gruppe.⁹ Das heißt allerdings weder, dass es diese Gruppe tatsächlich gegeben haben muss, noch dass das Zugehörigkeitsgefühl erkennbare Konsequenzen hatte.

Hinzu kam ein weiterer Faktor: Die Mobilität von stärker organisierten „Anhängern" – über die allerdings bei weitem nicht jede Gottheit, jede *religio* und jeder *cultus* verfügte – warf das Problem der translokalen Erkennbarkeit auf. Eine Stabilisierung wurde mit unterschiedlichen Mitteln erreicht: Das recht standardisierte Kultbild des Mithras, ungewöhnliche Rituale und ägyptische Dekoration im Fall von Isis,¹⁰ den Austausch von Briefen und Erzählungen durch Christen kann man aus dieser Sicht in ihrer Wirkung als äquivalent auffassen. Sie hatten jedoch sehr unterschiedliche Folgen für die Phänomenologie der jeweiligen Gesamtsysteme und deren Erfolg. Anders als Bilder konnten Erzählungen viel leichter verbreitet, angepasst und umformuliert werden,¹¹ wie die Ausbreitung von jüdischer und christlicher Religion deutlich zeigte. Religion veränderte sich in Diffusions- und Immigrationsprozessen.¹²

Komplementär zu dem Prozess der Konzentration von Verbindlichkeit auf wenige Bereiche religiöser Praxis mit politischen Funktionen hatte sich nämlich ein wachsender Bereich nichtpolitischer Religion geöffnet, wie ihn die klassischen griechischen *Poleis* für die Oberschicht vor allem im Dionysoskult und in der eng damit verknüpften Orphik kannten.¹³ Die wachsende Entpolitisierung des öffentlichen Raumes, die sich vor allem in den jüngeren Städten des *Imperium Romanum* feststellen lässt,¹⁴ trägt dazu noch einmal bei, fördert eine „Privatisierung" von Religion.

Religiösen Spezialisten – von Anbietern von Horoskopen über „Kultprofis" für bestimmte Gottheiten bis hin zu Äbten – gelang es immer öfter und umfangreicher, Ressourcen zu gewinnen, die einen Ausbau des Betriebes bis hin zu Wohltätigkeitsleistungen und Armenhilfen in großem Stil ermöglichten. Institutionen wuchsen heran und kopierten einander.¹⁵

Wie bereits festgestellt, erfasst das Begriffspaar von „öffentlich" und „privat" den so entstehenden Raum aber nicht. In genehmigten oder faktischen

---

9 Zur Differenzierung: Rebillard 2012; Rebillard 2015; Rebillard und Rüpke 2015a; Rüpke 2015b.
10 Allgemein dazu Turcan 1996, 24–28; Bremmer 2014. Zu Isis etwa Bricault 2005; 2006; Bricault und Versluys 2012; Mol 2012; zu Mithras Gordon 2012; 2016a; 2017a.
11 Siehe Elsner 1998, 235; Cameron 1991, 19. 38–43.
12 Siehe Orlin 2010; Rüpke 2011c; Woolf 2012a; 2013; Tacoma 2016; Woolf 2017.
13 Nur knapp behandelt bei Burkert 2011; siehe Bremmer 2002; 2010; 2016; Graf und Johnston 2007; Bernabé Pajares 2008; Edmonds 2009; Faraone 2011; Gasparini 2016; Piano 2016.
14 Siehe Bendlin 1997.
15 Für Priesterschaften siehe Rüpke 2008.

Vereinsgründungen, in der Stabilisierung von Immigranten-Netzwerken durch Kultstiftungen, in der Quasi-Divinisierung von Angehörigen der ökonomischen Elite in Form hoch individualisierter Götterbeinamen, in der Wiederbelebung oder im Transfer von Heilkult- und Orakelstätten, in der Selbstverwurzelung durch Beteiligung an lokalen Kulten oder deren Modifikation durch die reichsweit agierenden Militär- und Verwaltungseliten oder Händler, schließlich in der Pflege überregionaler literarischer Kommunikation durch Intellektuelle – durch all das entsteht ein religiöses „Feld" wachsender Stärke, das große Sichtbarkeit besitzt, ohne im administrativen Sinne „öffentlich" zu sein.

Unter den Bedingungen einer popularisierten aristokratischen Moral und einer universalisierten Bürgerlichkeit – seit der *Constitutio Antoniniana* des Jahres 212 n. Chr., die allen freien Bewohnern des *Imperium Romanum* das Bürgerrecht verlieh, auch im technischen Sinne[16] – erfolgte die Selbststeuerung dieses Bereiches in verschiedenen, nicht rechtlichen Formen. Sie erfolgte beispielsweise durch philosophische Kritik und Auseinandersetzung,[17] der wir die apologetischen Schriften der als *Christianoi* beziehungsweise *Christiani* bezeichneten Juden und anderer Jesus-Anhänger sowie die Attacken eines Celsus verdanken. Sie erfolgte durch gesellschaftskritische Beobachtungen, die sich in satirischer Form niederschlugen – von Juvenals *Saturae* bis Lukians *Pseudoprophetes Alexandros*. Sie erfolgte im philosophisch motivierten *superstitio*-Diskurs eines Seneca und Plutarch, der ebenfalls vor der Kritik der eigenen öffentlichen religiösen Traditionen nicht haltmachte[18] – zumindest in eben diesem Diskurs.[19] Und sie erfolgte schließlich in einem Ausgrenzungsdiskurs, der universalistisch argumentiert: Menschenopfer sind Barbarei; Gruppen, die Brandstiftung, Unzucht und Anthropophagie betreiben, werden vom *odium humani generis*, vom „Hass auf das Menschengeschlecht" getrieben.[20] Erst hier schlug die „bürgerliche" Kritik in Kriminalisierung um, kam das Strafrecht ins Spiel. Das hatte natürlich auch bereits dort überall seinen Platz gehabt, wo es um Schädigung an Besitz, Leib oder Leben (*maleficium*) ging, oder dort, wo Wissen gesammelt wurde, das politischen Umsturz vorbereiten könnte (*divinatio, curiositas*). Die

---

16 *P. Giess.* 40 = FIRA 1,88.
17 Siehe Attridge 1978.
18 Lausberg 1989, 1896.
19 Siehe für Seneca Setaioli 2007, 357; Bowden 2008, 64. Allgemein Rüpke 2011d (Rüpke 2014b; 2015e; 2016d).
20 Tac. *ann.* 15,44,4 (dazu Keresztes 1989, 253–255, dem ich aber in der Konjektur nicht folge); vgl. Plin. *epist.* 10,49.

Benutzung religiöser Formen für diese Untaten lieferte keinen Entschuldigungsgrund, zählte nicht als mildernder Umstand.[21]

Wenn wir auf die Veränderungen vom ersten bis ins fünfte Jahrhundert zusammenfassend schauen, so sehen wir, dass die dramatischen Veränderungen nicht im Austausch dieses oder jenes Gottes, dieses oder jenes Rituals oder dieser oder jener Gruppe in der Gunst des Publikums passieren. Es sind vielmehr die individuellen religiösen Praktiken und der gesellschaftliche Ort von Religion und der Umfang des religiösen Feldes selbst, die eine Veränderung erfahren.

Diese erste Analyse hat Konsequenzen. Zum einen bedarf es einer Klarstellung, wie es der Begriff der „gelebten antiken Religion" erlaubt zu verstehen, wie religiöse Traditionen als immer wieder neu im Entstehen und zugleich durch individuelle Modifikationen schon wieder verändert begriffen werden können. Ausgangspunkt ist hier die individuelle Aneignung religiöser Traditionen und die daraus resultierende Dynamik, in der beispielsweise Gruppenbildungen sich als Folgeerscheinungen von individuellen Strategien darstellen.

Zum zweiten ist aber auch aus dieser Perspektive heraus und trotz oder gerade wegen der Fülle der Details, die wir aus dieser Epoche kennen, der Versuch zu unternehmen, ein hinreichend komplexes Modell für die Beschreibung oder gar Erklärung der Veränderungen im Laufe der Kaiserzeit zu entwerfen. Dafür sind die maßgebenden religiösen Akteure, die Zugang zu Fleischmahlzeiten und Festgelagen, einer erwartbaren Zukunft oder unsicherer postmortaler Existenz bieten, und die von ihnen betriebenen Institutionalisierungen ebenso zu berücksichtigen wie der große politische Raum des Imperium selbst. Letzterer ist ein struktureller Rahmen individuellen Handelns, in dem neue Normen auch für religiöses Handeln entwickelt werden.

Eine Reduktion von komplexen Entwicklungen, verschiedensten Faktoren und einer Fülle kontingenter Ereignisse, darf – und diese Einsicht gewinne ich aus Hans Lietzmanns „Geschichte der Alten Kirche" – nicht isoliert stehen, sondern muss ihre Rechtfertigung in einer Erzählung, einer narrativen Entfaltung der modellierten Geschichte finden, wie ich sie etwa in „Pantheon" vorgelegt habe.[22] Diese aber bedarf zugleich einer weiteren Analyse, die über kontingente Entwicklungen hinaus den Blick auf grundlegende Prozesse richtet und zu Modellen führt, die auch den Vergleich mit anderen Räumen und Epochen ermöglichen. Das ist das, was ich hier skizzieren möchte. Meinen

---

21 Für antike Argumentationslinien siehe Rives 2011.
22 Rüpke 2016f; 2018b; 2018d.

Ausgangspunkt nehme ich dabei von jenem Paradigma, das wir in den vergangenen Jahren entwickelt haben.[23]

2 Gelebte und gelebte antike Religion

Ausgehend von Einzelnen verstehe ich unter religiösem Handeln die situative Einbeziehung von nicht unbezweifelbar plausiblen Akteuren in die Kommunikation, sei es als direkte Adressaten, sei es als Argument; Einbeziehung heißt dabei typischerweise die Zuschreibung von Handlungsmacht, von *agency*. Die „nicht unbezweifelbar plausiblen Akteure" können situativ wie kulturell unterschiedlich sein: Verstorbene oder Götter, die Natur, Engel oder Dämonen. Die rhetorische Kategorie der Plausibilität, der Zustimmungsfähigkeit ist wichtig. Sie weist auf die kulturelle Verankerung solcher Annahmen und Zuschreibungen hin oder die Machtposition des Sprechers, der auch für Implausibles Zustimmung einfordert und vielleicht sogar erhält. Wo göttliche Kräfte oder die Handlungsmacht von Verstorbenen kulturell anerkannte Ressourcen sind, bleibt aber – und darauf weist „nicht unbezweifelbar" hin – die Zustimmung beziehungsweise die religiöse Kommunikation riskant: Dass gerade mir gerade diese Gottheit gerade in dieser Situation hilft – und nicht das Gesetz der Schwerkraft, des sozialen Ranges oder das Gesetz des Zufalls gilt –, sollen die Umstehenden zwar glauben, doch wer kann sie dazu zwingen? Gerade in diesem Risiko, das im kommunikativen Transzendieren der Situation liegt, liegt auch die Attraktivität der Ressource Religion: Sie verleiht dem sprechenden Menschen, wenn die Anerkennung gelingt, eine *agency*, die situativ Chancen verbessert oder gar als religiöse Autorität habitualisiert werden kann. Oder die *agency*, die der Gottheit zugeschrieben wird, befreit als *deferred agency* den Menschen von aller Verantwortung, weil die Verantwortung bei der Gottheit als dem eigentlichen Akteur liegt.

Was wie strategisches Kalkül klingt – und auch so eingesetzt werden kann – ist üblicherweise in typische Situationen, in Personen-Konstellationen, in kulturelle, soziale, rechtliche, auch Macht-Strukturen eingebettet: *agency* meint gerade nicht einen Charakterzug der Handelnden, sondern den Umgang mit

---

23 Rüpke 2012a; Raja und Rüpke 2015a; Rüpke 2016h; 2016a; Lichterman et al. 2017; Albrecht et al. 2018; Rüpke 2018e.

und in solchen Strukturen[24] und mit und in der materiellen Kultur, die sich aus diesen Interaktionen ergeben hat.

Diese Strukturen und ihre materiellen, historisch oft allein zugänglichen Niederschläge sind aber nicht unveränderliche Regel- oder Symbolsysteme, sondern sind selbst das Ergebnis der zahllosen individuellen Handlungen und in ihrer Form immer auch abhängig von den Modifikationen, die bewusst oder unbewusst in solchen Akten der Reproduktion, der Wiederholung und Aktualisierung geschehen. Um das zu betonen, nutze ich den Begriff der „gelebten antiken Religion".

Das Konzept der „gelebten Religion" wurde in den späten 1990er Jahren entwickelt. Anstelle von Theologen, Dogmatiken und institutionellen Entwicklungen und der Geschichte „organisierter Religion" wurde das, was Menschen taten, ihre praktizierte Religion, in den Blick genommen. Dabei ging es nicht darum, wie Individuen vorgegebene religiöse Praktiken oder Glaubensartikel tatsächlich lebten, es ging nicht um lebendige Gemeinden oder Akkommodationen moderner Theologien. Statt dessen wurde Religion als alltägliche Erfahrungen, Praktiken, Ausdrucksformen und Interaktionen verstanden, die als solche Religion täglich neu Praktiken, Vorstellungen und Gemeinschaftsbildungen schaffen. Religion ist damit nicht als individuelle Religion zu verstehen – ein solcher methodischer Individualismus, der alles als Summe individueller Aktivitäten erklären will, scheitert zweifellos im Angesicht des intersubjektiven und relationalen Charakters von Individuen.[25] Vielmehr gebrauchen und verändern diese Individuen jene kulturelle Praktiken, die als Religion interpretiert werden.

Aber Religion kann damit auch nicht als unabhängig von solchen individuellen Praktiken gesehen werden. Es sind diese – oft sehr individuellen – Erfahrungen, Praktiken und Vorstellungen in der Kommunikation mit übermenschlichen Adressaten, die im Austausch, in der wechselseitigen Beobachtung, in gemeinsamem Tun oder durch Kritik und Reaktion auch professionelle Anbieter religiöser Leistungen oder Funktionäre in religiösen Organisationen (und damit diese selbst) zu Modifikationen von Verhalten und Interpretationen selbst kanonisierter Texte (und langfristig selbst zur Veränderung von Kanones) bewegen.

Das weist auf ein Problem des modernen Verständnisses von „gelebter Religion" hin, ihre Engführung auf Alltags-, Populär- oder „Volksreligion".[26] Robert

---

24 Ich beziehe mich hier auf die gemäßigte Position von Emirbayer und Mische 1998.
25 Fuchs und Rüpke 2015b; Fuchs 2015.
26 Bender 2016.

Orsi und Meredith McGuire beispielsweise untersuchten religiöse Praktiken auf den Straßen eines italienischen Viertels in New York oder in Wohnzimmern amerikanischer Familien.[27] Dagegen verlangte David D. Hall, der nach zugeschriebenen Bedeutungen fragte, „mit der Unterscheidung von hoch und niedrig zu brechen".[28] Individuelle Praktiken sind nicht völlig subjektiv. Es existieren religiöse Normen, es gibt offizielle Praktiken, die als Vorbild hingestellt werden (und so funktionieren), es gibt teilweise sogar Kontrollmechanismen. Nicht zuletzt gilt es gerade für einen Blick in die Geschichte zu berücksichtigen, dass die Quellen, die Überlieferung höchst verzerrt sind. Es sind gerade Institutionen und Normen, Personen mit Führungsrollen oder expliziten normativen Ansprüchen, *claim makers*, die die textliche wie materielle Überlieferung dominieren. Hier gilt es zu berücksichtigen, dass das, was als Norm auftritt, keine Beschreibung einer Gegenwart ist, sondern Teil einer Kommunikationsstrategie von machtvollen und ressourcestarken Individuen, die ihre Positionen zur Geltung bringen wollen. Religion (wie andere kulturelle Bereiche) ist damit immer im Wandel begriffen, ist Religion im Werden.

„Gelebte antike Religion" radikalisiert damit das zeitgenössische Konzept, indem es nicht neben organisierte Religion tritt, sondern diese selbst konsequent einbezieht und selbst als „gelebte Religion" und „Religion im Werden" betrachtet.[29] Das hat Folgen für die Verwendung der schon anfangs problematisierten Begriffe von „Kulten" und „Religionen". Wie gesagt, verweist „gelebte Religion" auf das Handlungsrepertoire und den Handlungsvollzug Einzelner und ihre Erfahrungen von religiöser Kommunikation, ihre Vorstellungen von Göttlichem, die sie sich aneignen, ausdrücken und in unterschiedlichen sozialen Räumen mit anderen teilen. In dieser Perpektive sind „Gruppen" und „Traditionen" nicht einfach vorgegeben. Was sich statt dessen beobachten lässt, sind vielmehr Prozesse von Gruppenbildungen und Traditionsbildungen, die auf ein bestimmtes Resultat (von Machtgewinn oder Geborgenheit, vorübergehenden Koalitionen und Argumenten oder langfristige Positionen) zielen, ein Ideal ausdrücken, eine nur imaginierte Gemeinschaft darstellen. Unter der Perspektive der gelebten antiken Religion treten Grenzziehungen und Identitätsbildungen und -verhandlungen in den Blick statt fertiger Grenzen und Identitäten. An die Stelle von fertigen „Religionen" tritt Religionsbildung als Form strategischen Handelns und aggregierter Prozess. Die Diskussionen über die Trennung von Judentum und Christentum und konfessionelle Identitäten

---

[27] Orsi 1999; 2010; McGuire 2008.
[28] Hall 1997; vgl. Orsi 1997.
[29] Siehe Albrecht et al. 2018.

sind hier besonders hilfreich, soweit sie vermeiden, einen Container-Begriff von Religion vorauszusetzen, der davon ausgeht, dass alle, die im jeweiligen Container sind, dann auch insgesamt Vorstellungen und Praktiken gemeinsam haben und einheitlich vollziehen.[30]

Das Konzept der gelebten Religion fragt, wie eingangs formuliert, nach den religiösen Erfahrungen, Vorstellungen und Praktiken Einzelner. Diese verstehe ich nicht als das mehr oder weniger vollständige Reproduzieren von gewissermaßen vorgefertigten Sets religiösen Verhaltens und religiöser Annahmen von „römischer", „Athener", „Isis-Religion", Judentum oder Manichäismus. Ausgangspunkt sind einzelne – im Idealfall zwar täglich vollzogene, aber bleibende (und damit uns zugängliche) Quellen meistens nur im Ausnahmefall produzierende – religiöse Handlungen beziehungsweise Kommunikationen. Forschungspragmatisch kommt hier zu Hilfe, dass gerade das Ziel, die Aufmerksamkeit der nicht einfach präsenten göttlichen Akteure zu gewinnen, oft zu nicht-alltäglicher, ritueller, aufwändiger und somit materielle oder textliche Spuren hinterlassender Kommunikation führt.[31]

Die klassische semantische Kommunikationstheorie nahm ihren Ausgangspunkt von der Beziehung zwischen Sender und Empfänger. Der sich an den die Situation transzendierenden Empfänger richtende Adressant ist die Quelle, er überträgt ein Signal, das als Information, Befehl oder ähnliches empfangen wird. Die Weiterentwicklung des Modells konzentrierte sich dann auf den Prozess des Kodierens und Dekodierens sowie die kleineren und weiteren sozialen Kontexte dieses Geschehens. Jeder Akt von Kommunikation mit Primärmedien wie persönlicher Sprache, Körpersprache und Zeichengebrauch in unterstellter *face-to-face*-Kommunikation ist so Interaktion, jede Interaktion enthält Kommunikation. Als symbolische Interaktion interpretiert, will jede Handlung eine, gegebenenfalls hoch kodierte, Botschaft übermitteln. Die Sprechakttheorie behandelt zumal performative Sprache als Handlung, die eine neue Realität schafft.

Religion spielt in einem solchen Modell nur als Inhalt oder durch einen göttlichen Adressaten eine Rolle. Damit geht verloren, wie prekär solche Beschreibungen sein können und wie „Religion" überhaupt erst in der Anmaßung menschlicher Akteure, *agency* an nicht unbezweifelbar plausible Elemente der situativen Umgebung zuzuschreiben, diese als situativ relevant zu behaupten

---

30 Vgl. Boyarin 2003, 2004a; Burrus et al. 2006; Satlow 2006; Fredriksen 2003; Goodman 2003; Reed 2003; Frey 2012; Brown 1982, Iricinschi und Zellentin 2008; King 2008; Cotton 2009; Shaw 2011; Jacobs 2012; Barton und Boyarin 2016.
31 Rüpke 2010b.

vermag. Hier erweist sich die *relevance theory* von Dan Sperber und Deirdre Wilson als hilfreich, die an die bisherigen Überlegungen zu Ko- und Dekodierungsprozessen anknüpft. Sie nimmt ihren Ausgangspunkt von der Annahme, dass angesichts der Vielzahl von wahrnehmbaren Signalen, „menschliche Kognition relevanz-orientiert ist".[32] Man reagiert auf die relevantesten Stimuli der Umgebung. Das gilt auch für Kommunikation. In der Kommunikation verbindet sich die Intention des Kommunikator zu informieren, indem er seine eigenen Annahmen dem Publikum deutlich oder deutlicher macht, mit der Notwendigkeit, diese Intention mit Hilfe entsprechender Stimuli selbst manifest werden zu lassen; die beiden sprechen von „ostensive-inferential communication".

Solche Kommunikation verändert wechselseitig die kognitive Umwelt.[33] Die ostentativen Stimuli müssen es schaffen, das potentielle Publikum auf die Kommunikation als von höchster Relevanz zu orientieren, es davon zu überzeugen, dass die Aufmerksamkeit und Verarbeitungsleistung für diese Information als lohnend erscheint. Der oder die Kommunikatoren müssen Informationen der ihnen möglichen und gewollten höchsten Relevanz hervorbringen.[34] Verstehen heißt dann, dass das Publikum gleichzeitig Hypothesen über den expliziten Gehalt, die implizierten Prämissen und die implizierten Folgerungen und Handlungskonsequenzen entwickelt.

Religion interessiert die beiden Relevanztheoretiker nicht. Hier aber bietet die Theorie die Möglichkeit, das Paradox zu verstehen, dass die nicht unbezweifelbar plausiblen Akteure Relevanz und einen „speziellen" Charakter erlangen können. Dazu stehen unterschiedliche Strategien zur Verfügung. Man kann Zwischeninstanzen, „Medien", Personen, die als sensibel für göttliche Botschaften vorgestellt werden, benutzen und ihnen eine besondere religiöse *agency* zuschreiben: hier finden die zahlreichen religiöse Spezialisten ihren Ort. Das erlaubt Fragen nach der formierenden Wirkung besonderer sozialer oder räumlicher Kontexte, aber auch nach der Möglichkeit, Kompetenzen anwesender Personen durch behauptetes Wissen und den Verweis auf Bücher zu ersetzen. Wissen wiederum ist ungleich verteilt, wird räumlich Entfernten – „Magiern" und „Chaldäern" in der mediterranen Antike, ostasiatischen Weisen in der europäischen Neuzeit – oder sozial Marginalisierten – alten Frauen – zugeschrieben oder gerade abgesprochen. Die Verbindung von Relevanzbehauptungen und prekären Zuschreibungen von *agency* erlaubt offensichtlich ein weites Feld von religiöser Macht zu innovativem Handeln und zu dessen Stabilisierung

---

32 Sperber und Wilson 1987, 700 (auch das folgende Zitat).
33 Ebd., 699.
34 Wilson und Sperber 2002, 257f. und 262 zum Folgenden.

selbst gegen soziale Machtgefälle. Der Gebrauch von Symbolen – die nach Peirce[35] Interpretation notwendig machen wie erlauben und ihre Materialisierung in unterschiedlichen Medien, die der konkreten Kommunikation vorausgehen wie sie überdauern – erlaubt weitere Stimuli und die Einbeziehung sekundärer Adressaten weit über den göttlichen Adressaten hinaus, erlaubt Gruppenbildungen und die Ausbildung von Identität. Gesprochenes Gebet und geschriebener Fluch, häusliche Gabe und städtische Prozession konstituieren sehr unterschiedliche Publika. Die nicht unbezweifelbar plausiblen Akteure werden repräsentiert oder gerade im Zugang verknappt oder gar monopolisiert. Auch religiöse Kommunikation steht in einem Kontext von Machtbeziehungen und sozialen Unterschieden, auch wenn sie gerade dagegen eine wichtige Ressource sein kann. Es ist diese „besondere" Relevanz, die mit der Einführung solcher Akteure in zwischenmenschliche Kommunikation die Regeln dieser verändert. Die materiellen Zeugnisse dieser Medien religiöser Kommunikation – von antiken Inschriften zu gegenwärtigen Kathedralen, von Bibeln bis zu Landschaftsgestaltungen – weisen den Erfolg dieser Relevanzbehauptungen aus.

Dass im Blick auf die Quellen die aufwändigsten und langlebigsten Medien oft seitens derjenigen geschaffen wurden, die Institutionalisierungen und Normbildung betreiben, hat forschungsgeschichtlich wesentlich zu einer Religionsgeschichtsschreibung der Normen und Modell-Performanzen geführt. Selbstverständlich waren die Versuche solcher Normierungen – wie sie in Verhaltenskodizes in sakralen Räumen, sogenannten *leges sacrae*, in antiquarischen Ritualkommentaren, in Vergil- oder Bibelexegesen, in philosophischen Traktaten, in Ritualien oder Homilien und vor allem in materieller Form als Inhalte oder Bewegungen festlegende Instrumente, Götterbilder, Stufen, Wände oder Gebäude vorliegen – Teil der relevanten kulturellen Umgebung, aber eben nur ein Teil neben biographisch-sozialen oder situativen Faktoren. Die wechselseitige Beziehung von Struktur und individuellem Handeln, die sich gegenseitig konstituieren, bilden so die Grundlage eines Zugriffs, in dem weder ein asoziales Individuum noch Institutionen als dem jeweils anderen vorausliegend verstanden werden.[36]

Michel de Certeau hat den Begriff der „Aneignung" entwickelt, um das Verhältnis individuellen, strategischen wie habituellen Handelns zum kulturellen Kontext zu beschreiben.[37] Das Handlungsspektrum umfasst den

---

35 Peirce 1991.
36 Archer 1996; Emirbayer und Mische 1998; Dépelteau 2008; Wang 2008; Campbell 2009; Moore 2011; Silver 2011; Rüpke 2015a; Fuchs 2015; Fuchs und Rüpke 2015a.
37 Certeau 2007.

Einbau von vorgeprägten Handlungsschemata in eigene Identitätskonstruktionen ebenso wie subversive Modifikationen, Vereinfachungen oder Neuinterpretationen bis hin zu Radikalisierungen in Askese oder Martyrium. In einer solchen Perspektive ist es nicht die Statistik von Götternamen in Inschriften, die Auskunft über ein religiöses „System" gibt, sondern die Gestaltung des individuellen Objektes in seiner Modifikation von Formularen, in der Betonung einzelner Elemente, in der Kombination von Götternamen oder auch (wenngleich üblicherweise weniger aussagekräftig) in der präzisen Reproduktion einer Vorlage als Entscheidung gegen sichtbare Alternativen.[38] Methodisch ist hier eher nach der prägnanten Einzelquelle zu suchen, nach Objekten, die ihre Biographie verraten, nach Narrativen, die Erfahrungen und Praktiken aufeinander beziehen;[39] erst im Ausloten von Bandbreiten, typischen Modifikationen und Veränderungen in „Regimen"[40] ergeben sich in diesem Rahmen wieder sinnvolle Aussagen über aggregierte Entwicklungen, wie sie im dritten Teil dieser Abhandlung thematisiert werden sollen.

3 Beispiele gelebter Religion

Wenigstens an zwei Beispielen möchte ich zeigen, wie die Umstellung von der institutionellen auf die individuelle Aneignungsperspektive neue Fragen und Hypothesen hervorbringen kann. Ich beginne im häuslichen Bereich. Hier wird man den Befunden in ihrer Differenziertheit – den Variationen in häuslichen oder im häuslichen Kontext vollzogenen familiären religiösen Praktiken wie ihrem völligen Fehlen – besser gerecht, wenn man den Umgang mit Objekten von den Akteuren und ihren Interessen an erfolgreicher Kommunikation wie dem Herstellen einer speziellen Atmosphäre her sieht und nicht in der auf Repräsentation reduzierten Erfüllung von Normen eines durch eine angeblich offizielle Religion vorgegebenen „Hauskultes".

Was uns hier als „Religion" erscheint oder sinnvoll so mit kulturellen Praktiken an anderen Orten verglichen werden kann, lässt sich erneut als ein Netz von Handlungsstrategien, Erfahrungen und Vorstellungen verstehen. Es umfasste aber auch Handlungsschemata und geteilte Zeichen, die in verschiedenen sozialen Räumen zum Einsatz kamen oder Kommunikation schon vorstrukturierten. Das waren Zeichen und Strategien, die erlernt und auf immer neue

---

38 Siehe z.B. Rüpke 2016f, 276–280.
39 Siehe etwa Raja und Rüpke 2015a; Raja und Weiss 2015a; Rüpke und Degelmann 2015.
40 Rüpke 2016g.

Räume und Situationen übertragen, und so weiterentwickelt werden mussten. Vor allem aber wurden sie immer auch mit der religiösen Kommunikation anderer konfrontiert. Die religiöse Kompetenz, die aus Wissen, Erfahrung, aber auch dem Mut und Willen zum Experiment bestand, bewegte sich mit den Menschen, die sie besaßen, durch unterschiedliche Räume.

In den großen Städten und zumal den *Metropoleis* der Kaiserzeit bildete für viele eher die Straße als ein aus unterschiedlichen Räumen bestehendes Haus den primären Lebensraum. Aber selbst die Häuser konnten nur wenige ihrer Bewohner in den architektonischen Strukturen und Mobiliar aktiv gestalten. Beleuchtung spielte dafür eine große Rolle. Das galt nicht nur für die Frage, welcher Raum beleuchtet und benutzt wurde, sondern auch, welche seiner Bestandteile, seien es Wandschmück oder Mobiliar, so ins Licht gerückt wurden. Die Lampen selbst waren Instrumente religiöser Kommunikation erster Ordnung. War plastischer Schmuck etwa bei Bronze-, aber auch bei Tonlampen um den Docht herum angeordnet, wurde entsprechender Schatten produziert.[41] Aber die Lampe beleuchtete sich auch selbst, rückte etwa Götterfiguren, die sich der Brennöffnung zuwandten, in helles Licht, oder ließ sie durch Schattenwurf erscheinen.[42] Wie die Alternativen – Zirkusszenen, erotische Motive – waren diese Götterbilder echte „Hingucker", stimulierten Sehen und vermittelten als strahlende Augen das Gefühl, selbst von ihnen gesehen zu werden. Im unruhigen Schein waren die Figuren selbst bewegt. Hier standen täglich Optionen und Erfahrungen offen.

Das galt auch für ein anderes, zentrales religiöses Instrument: den Altar. Der zierliche, oft reichverzierte schlanke Altar hatte Heimat auch im häuslichen Garten.[43] Er wurde benutzt als ein unmissverständliches Zeichen für die Kommunikation mit den nicht beim Blick in die Runde fraglos Anwesenden, seien es „Götter" oder „Tote". Im Vollzug war er ohne Feuer oder Libation kaum zu denken. Seine Oberflächengestaltung forderte zu dieser Aktivierung geradezu auf. Aber auch hier war das Objekt nicht nur ein Instrument, das eingesetzt werden konnte. Oft ausgestattet mit einem Bildschmuck, der wiederum rituelle Vorgänge und die in diesen Bildern eingesetzte andere Instrumente oder Materialien zeigte, war das Instrument selbst auf Dauer gestellter Vollzug des jeweiligen Rituals, war Performanz religiöser Kommunikation. Mit einem Minimum an Aufwand, etwa dem Aufstellen einer Lampe auf dem Altar und einem Minimum an Sprache oder Gesang war das noch weiter zu aktivieren. Natürlich konnte

---

41 Bielfeldt 2014, 202.
42 Ebd., 221. Zur antiken Vorstellung des Sehens durch aktives Ausstrahlen von Licht: 213f.
43 Dräger 1994.

das verstärkt werden: Gebäck unterschiedlicher Form, unterschiedlichen Aussehens, Geschmacks und Geruchs wurde vielfältig eingesetzt; Blumen ebenso. Mit dem Einsatz von Feuer, von sichtbar sich bewegenden Flammen, war das Instrument sichtbar aktiv und selbstwirksam, ja unter Umständen schon Gegenstand divinatorischer Interpretation.

Mehr war also immer möglich, aber selten nötig. Das galt im Haus, an der Straßenecke, im Tempel oder am Grab. Wo sie als Bild nichts kostete, war eine Darstellung eines ausgewachsenen Rinderbullen gerade recht. Hundeopfer wurden dagegen eher vollzogen, als dass sie dokumentiert oder erzählt worden wären.[44] Fleischbeschaffung war ein Randaspekt römischer religiöser Praxis, das Mahl wurde gerade nicht mit den Göttern gemeinsam eingenommen.[45] Als Form des Prestigegewinns und der Prestigezuschreibung, als „Leiturgie", wurden Fleischspeisungen dagegen gerne gesehen.[46]

Strategien, die im Hause (oder auf der Straße) eingeübt wurden, kamen auch in institutionalisierten Räumen religiöser Kommunikation, in Tempelarealen und Tempeln etwa zum Einsatz. Waren Graffiti im Hause als nachdrückliche Reaktion von eingeladenen Gästen willkommen, könnte diese minimalisierte, aber dauerhafte Form sprachlicher Kommunikation auch in Tempelbezirken eine Rolle gespielt haben. Gesichert ist dieser Einsatz von Graffiti in Dura-Europos im Osten des *Imperium Romanum*. In den dortigen Tempeln und Versammlungsgebäuden von Juden wie Christus- oder Mithras-Verehrern versuchten die Nutzerinnen und Nutzer sich möglichst in den Fokussen religiöser Kommunikation, dicht am Kultbild, auf Wandmalereien oder in Durchgängen mit der Bitte um „Gedenken" oder „Heil" zu verewigen.[47] So eigneten sie sich auch die großen Zeichen religiöser Kommunikation anderer, deren zwei- oder dreidimensionale Stiftungen an. Und natürlich spielten in der Kaiserzeit weiterhin Altäre und Altärchen sowie zunehmend Lampen als Gaben eine große Rolle.[48]

---

[44] Lacam 2008. Den Hinweis auf die weit verbreiteten nicht-dokumentarischen Darstellungen von Stieropfern in der römischen Kaiserzeit verdanke ich Günther Schörner, Wien; siehe auch Schörner 2008.
[45] Rüpke 2005a; siehe auch Foss 1997, 217 und Estienne 2011; anders Scheid 1985. Zur Ambivalenz von Fleischgenuss: Corbier 1989 und Kearns 2011. Vgl. zur kaiserzeitlichen Praxis im Osten: Petropoulou 2008.
[46] Zu einem Reflex der *visceratio* im Neuen Testament siehe Standhartinger 2012.
[47] Stern 2014, bes. 146. In Häusern: Scheibelreiter-Gail 2012, 161 mit Belegen vom 1. Jh. v. Chr. bis 4. Jh. n. Chr.
[48] Beispielhaft: Scapaticci 2010, bes. 107.

Das zweite Beispiel führt von den kleinen Variationen von Lämpchen oder Altären und dem häuslichen Bereich weg.[49] Hippolytus, ein Christus-Anhänger in Rom um 200 n. Chr., gewann religiöse Autorität, indem er einen Text für seine Zeitgenossinnen (gerade diese) und Zeitgenossen schrieb. Was als Bibelkommentar bezeichnet wird, ist im Detail vor allem eine Nacherzählung, eine nach Möglichkeit präzise historische Rekonstruktion und schließlich eine spekulative Interpretation der Geschichte von Susanna im Bade und Daniel, der sie vor den hinterhältigen Anschuldigungen zweier „Älterer" rettet, sowie – in den späteren Büchern – der Prophezeiungen Daniels. Der Text gibt unmissverständlich einen Verfasser zu erkennen, der sich als Experte ausweist und eine präzise Interpretation eines offensichtlich populären Prätextes, eben des Danielbuches, gibt. Durch diese Aneignung gewinnt er Autorität und genießt es nach Ausweis des Textes, sein Publikum zu unterhalten und seine Aufmerksamkeit zu gewinnen.

Die Geschichte wird als Warnung reinterpretiert: Es gibt Menschen unter uns, wo wir hier zum Ritual zusammengekommen sind, die euch vor den Magistraten mit falschen Beschuldigungen in Schwierigkeiten bringen können. Martyrium dürfte keine unmittelbare Bedrohung gewesen sein – immerhin fehlt uns jeder Beleg für Märtyrer in Rom für rund zwanzig Jahre vor und nach der vermutbaren Abfassung des Textes. Aber das Spiel mit der Bedrohung wird als Instrument genutzt, über Grenzziehungen nachzudenken. Das ist kein Bischof, der die von individueller Vernichtung bedrohte Gemeinde adressiert. Vielmehr handelt es sich um eine individuelle religiöse Deutung der Situation in der Großstadt Rom, die bei seinen Zuhörerinnen und Lesern sehr unterschiedlich aufgenommen worden sein dürfte. Blickt man auf den großen Umfang der späteren, und wohl in einem neuen Anlauf, das heißt, schon als Reaktion auf Rezeption geschriebenen Bücher, dürfte jedenfalls die Nachfrage nach Spekulationen über die Zukunft mehr Interesse gefunden haben als das Nachdenken über das Martyrium. In diesem Lichte weist der Text eher auf eine noch immer komplexe jüdisch-christliche Gemengelage als auf eine umfassende Trennung. Auch dieses Beispiel macht auch deutlich, dass Religion zutiefst körperbezogen sein kann: Es ist die Unsicherheit in der räumlichen Präsenz von Anderen, es ist die Gefahr für Leib und Leben, die betont wird. Aber die Überschreitung der Situation in religiöser Kommunikation bietet über ihre sozialen und ästhetischen Komponenten hinaus auch intellektuelle

---

49 Das Folgende ist in der Auseinandersetzung mit Brent 1995; Heintz 2011; Bracht 2014 erarbeitet und näher ausgeführt in Rüpke 2017.

Attraktionen, Spekulationen über die Welt, wie sie außerhalb der Situation ist, sein kann oder sein wird.

4 Methodische Optionen

Die Beispiele machen noch einmal den hier vorgestellten methodischen Zugriff deutlich, der Religion als intersubjektives Kommunikationsgeschehen begreift. Dies wird zugänglich, indem individuelle Äußerungen nicht kulturalistisch auf ihren kulturell etablierten Gehalt, sondern auf ihre Situation, ihren historischen, sozialen und materiellen Kontext, und gerade die Modifikation und Selektion kulturell verfügbarer Begriffe und Semantiken hin untersucht werden.[50] Je nach dem Handlungsraum stellen sich die Bedingungen religiöser Erfahrung, körperlicher Aneignung und in konkreter Interaktion entwickelter Handlungsformen sowie Bedeutungen sehr unterschiedlich dar. In den häuslichen oder familiären Räumen primärer Sozialität kennt man zwar gemeinsame Rituale, aber oft genug geht es, wie eben gezeigt, um Praktiken oder Erfahrungen, die der eine (etwa als Sklave) in der Küche machte, die andere (etwa als Herrin) im Säulengang um den Garten oder in dem als Schlafzimmer oder Wohnzimmer genutzten Raum. *Face-to-face*-Gruppen sekundärer Sozialität agierten oft in durch die Materialitäten imaginierter Gemeinschaften geprägten allgemein zugänglichen Räumen und schließlich in jenen imaginierten Kommunikationsräumen, die durch Sekundärmedien eröffnet wurden. Religiöse Autorität wurde entsprechend sehr unterschiedlich im Austausch mit und durch Anerkennung oder Ablehnung von religiösen Spezialisten konstituiert.

Damit sind zugleich drei wichtige Stichwörter genannt – methodische Entscheidungen – die die Analyse und Beschreibung gelebter antiker Religion auf der Basis individueller Handlungen, die räumlich-materiell, zeitlich und biographisch-sozial verortet sind, von klassischen Rekonstruktionen antiker Religionen deutlich absetzen.

Zunächst rücken anstelle von Symbolen Erfahrungen in den Vordergrund. Nicht in materiellen Zeichen bis hin zu architektonischen Räumen oder Texten kodierte Konzepte sind Gegenstand, sondern die Erfahrung, der Umgang, die Aneignung solcher Materialitäten und Diskurse. Es geht um den Umgang mit Instrumenten, das Sehen von Bildern, die Nutzung von häuslichem oder

---

[50] Siehe etwa Cooley 2015; Petridou 2015; Raja und Rüpke 2015a; Raja und Weiss 2015b; Rieger 2016; Rüpke 2016c; Rebillard 2017; Albrecht et al. 2018.

offenem Raum, von Tages- oder Jahreszeiten.[51] Das hat gerade für die Untersuchung von Materiellem Konsequenzen, wie im Konzept einer Archäologie religiöser Erfahrung, die Monumente als Erfahrungsräume und -objekte, nicht primär als Ausdruck von Glaubensvorstellung versteht, deutlich wird.[52] Von anderen gemachte Bedeutungszuschreibungen bleiben dabei nicht unberücksichtigt, aber konkrete Objekte können zu sehr unterschiedlichen Handlungen auffordern oder von unterschiedlichen Akteuren sehr unterschiedlich mit Bedeutungen versehen werden – schließlich auch schlicht übersehen werden.[53]

Zweitens tritt anstelle des Ablaufs eines Rituals der Körper in den Vordergrund. Die individuell Handelnden handeln aus ihrem Körper heraus und mit und im Blick auf ihn. Die Situation ist räumlich auf diesen Körper bezogen und gerade die über die Situation hinauszielende religiöse Kommunikation nimmt in besonderer Weise auf diesen Körper Bezug und fügt ihm eine weitere Dimension der Weltbeziehung, die gewissermaßen vertikal oder situationstranszendierend ist, hinzu.[54] Über diesen und gegebenenfalls weitere Körper Anwesender ist die Situation mit der Geschichte des Akteurs oder der Akteurin – Geschlecht ist gerade hier wichtig – verbunden; der Körper wird zum Kommunikationsmedium, das durch Kleidung oder Bewegung Aufmerksamkeit heischt und – wie oben erläutert – Relevanz verspricht oder durch weitere Objekte oder andere Personen verlängert oder gar ersetzt werden muss. Über die temporäre Performanz hinaus werden hier auch Dispositionen geschaffen und Erfahrungen artikuliert und gespeichert. Gerade die Unzugänglichkeit des eigenen Körpers bietet ihn als spezifischen Handlungsraum für nicht unbezweifelbar plausible Akteure und damit auch religiösen Erfahrungsraum an, seine unmittelbare Zugänglichkeit zugleich als Gegenstand von Wissen und Objekt von Praktiken bis hin zur Selbst-Auflösung. Körperbezogenheit heißt aber auch, jene Techniken ernst zu nehmen, die Ko-Präsenz durch räumlich und zeitversetzte Kommunikation mit Medien der Schriftlichkeit – Briefe, Codices, Buchrollen, Inschriften – oder durch Bilder – auf Münzen, als Illustrationen, als Statuen – ersetzen.[55] Diese Form der Kommunikation bedarf

---

51 Siehe etwa Meyer 2008; Arnhold 2013; Gasparini 2013; Rüpke 2013d; 2013e. Zum Konzept der religiösen Erfahrung siehe Proudfoot 1985; Jung 2006; Bieler 2007; Carrette 2007; Taves 2009 sowie Jung 1999; Ricken 2004; Mieth und Müller-Schauenburg 2012 zu spezifisch deutschen Assoziationen von „Erfahrung".
52 Raja und Rüpke 2015b.
53 Ausgangspunkt sind hier die Überlegungen von Latour 2005 und Hodder 2011; 2012.
54 Vgl. dazu Rosa 2016.
55 Siehe Morgan 2011.

der Materialität für den Transport wie für Produktion und Rezeption in jeweils eigenen Situationen. Und doch lässt sie die Imagination direkter Kommunikation zu, auch wenn diese nicht durch die üblichen Regelkreisläufe und Rahmungen gesteuert oder kontrolliert werden kann. Gerade in der enormen geographischen Ausweitung von Weltbeziehungen und imaginierter Sozialität im *Imperium Romanum* spielten diese Techniken eine wichtige Rolle.

Schließlich tritt an die Stelle der Zurechnung von Kausalität an systemische Begriffe wie Habitus, Organisation oder Kultur der Fokus auf die Emergenz von Handlungs- und Denkformen in der Interaktion. Alltägliche gelebte antike Religion lässt sich nicht als Eigenheit oder Repertoire von isolierten Individuen beschreiben, sondern wird mitbestimmt durch Räume und soziale Konstellationen, die in spezifischen Situationen angeeignet, reproduziert und durch die Akteure geprägt werden. „Culture in interaction"[56] fragt so nach dem Entstehen und dem Umgang mit Stilen von Gruppen, die ihr sprachliches wie Verhaltensrepertoire bestimmen. Handelnde sind nicht einfach Mitglied einer Gruppe und folgen so gruppenspezifischen Handlungstypen. Überzeugungen der Zugehörigkeit zu spezifischen Kollektiven können vielmehr in spezifischen Situationen zur Bildung von Allianzen, zur Demonstration von Unterschieden oder zur Vorspiegelung von Mitgliedschaften aktiviert werden.[57] Traditionelle Normen und traditionelles, gesellschaftlich sanktioniertes Wissen kann dabei aufgegriffen oder bewusst durch Bezugnahme auf alternative Wissensbestände und Normen ersetzt werden, etwa um potentiellen Klienten alternative Deutungs- und Handlungsrepertoires zu bieten.

5 Veränderungen im religiösen Feld

In einer Perspektive, die Religion von individuellen Akteuren her untersucht und gerade vom riskanten Charakter religiöser Kommunikation ausgeht, muss man Religion als eine Praxis begreifen, die in sich hoch umstritten sein kann. Dieser riskante Charakter religiöser Praxis kann einerseits große Anstrengungen zur Stillstellung, das heißt zur Verhinderung von Gewinn an religiöser Autorität, durch hohe Legitimationsanforderungen an religiöse Kommunikation und einschränkende Normierungen als erfolgreich erachteter religiöser

---

56 Eliasoph und Lichterman 2003; Lichterman 2009.
57 Tajfel 1974; Turner 1975; Brubaker 2004; Harland 2005; Cairns et al. 2006; Smith und Mackie 2008; Moore 2011; Tropp und Molina 2012; Feinberg, Willer und Schultz 2014; Neuberg et al. 2014; Rebillard 2012.

Kommunikation nach sich ziehen. Begriffe wie „heilig" und „profan", „rein" und „unrein", „öffentlich" und „privat" können Instrumente dafür sein – und eignen sich entsprechend schlecht als Begriffe unserer Meta-Sprache. Andererseits öffnet das Riskante große Freiräume für Innovation und Gewinn religiöser Autorität gegen soziale, ökonomische oder Geschlechter-Hierarchien.

Das ist nicht zuletzt abhängig von dem Raum, dem Religion insgesamt durch diejenigen, die über politische, soziale oder ökonomische Macht verfügen, eingeräumt wird – soweit solche Kontrolle gelingt. Von politischen Eliten besetzte Priesterschaften können dergleichen durchzusetzen versuchen, gegebenenfalls muss eine Elite aber auch erfolgreiche religiöse Autoritäten kooptieren – oder wird von ihnen vertrieben.

Die anfangs aufgeführten historischen Beobachtungen – zunehmende Alltagsbedeutung, steigende Komplexität, höhere individuelle Wertschätzung von Religion, steigender Konsum gesellschaftlicher Ressourcen – führten im antiken Mittelmeerraum in der Kaiserzeit zur Entstehung eines eigenen gesellschaftlichen Feldes „Religion" und entsprechend einem eigenen Typ von „religiöser Macht".[58] Das blieb nicht ohne Auswirkungen auf die Gesellschaften rund ums Mittelmeer insgesamt: Auch auf anderen gesellschaftlichen Feldern wurde die Verknüpfung mit religiöser Macht, die Verfügung über religiöse Ressourcen wichtig: Seit der Tetrarchie am Ende des dritten Jahrhunderts war Religion ein zentraler Faktor für Herrschaftslegitimation, Bischöfe wurden in der Spätantike zu Stadtpatronen, Rabbinen organisierten die aramäisch-hebräische Diaspora, religiöser Auftrag und militärische Expansion gingen im frühen Islam Hand in Hand.[59]

Gerade unter den Bedingungen der im Blick auf Einkommen und Artikulationschancen extrem differenzierten antiken Gesellschaft muss solchen Akteuren besondere Aufmerksamkeit geschenkt und zugleich verhindert werden, dass die von ihnen erzeugten Grenzen und Medien in ihrem strategischen Charakter unterschätzt werden. Noch einmal: An die Stelle von fertigen „Religionen" tritt in einer Perspektive gelebter antiker Religion „Religionsbildung" als Form strategischen Handelns und daraus aggregierter Prozesse.

---

58 Siehe Rüpke 2010c.
59 Rüpke 2006c; Hahn 2011; Schwartz 1999, 2001; Lapin 2012; Cohn 2013; Sizgorich 2009; Al-Azmeh 2014; Fisher 2015.

III Religiöse Transformationen im antiken Mittelmeerraum

1 Vorüberlegungen

„Gelebte antike Religion" ist kein Stillleben einer ahistorischen Alltagsreligiosität, sondern eine Perspektive auf ein hoch dynamisches Feld mit Veränderungen welthistorischen Ausmaßes. Wie kaum ein anderes Feld hat die mediterrane Religionsgeschichte der ersten Hälfte des ersten Jahrtausends daher Forscherinnen und Forscher angezogen, die sich – nicht immer zum Nutzen des Verständnisses – in einem Fächerspektrum differenziert haben, dass selbst zu Zeiten von Hans Lietzmann kaum zu erahnen war. Dieser Situation gilt mein Versuch – natürlich wiederum von einer spezifischen Perspektive aus –, ein Modell für die skizzierten Veränderungen zu entwerfen, das die methodischen Überlegungen der ersten Hälfte meines Vortrags weiterführt. Die Basis dafür bildet die intensivierte und zunehmend auch selbst- und disziplinenkritisch geführte Forschung der letzten Jahre.[1]

Bevor ich mein Modell entfalte, ist es mir wichtig klarzustellen, dass ich einen historischen Ausschnitt behandele. Einige der Prozesse, die sich darin beobachten lassen, haben sich andernorts schon früher abgespielt oder hatten schon einmal ein Ende gefunden, andere erweisen sich bereits im Untersuchungszeitraum als reversibel. Insofern folge ich dem Rat Goethes im West-östlichen Divan – „Wer nicht von dreitausend Jahren / Sich weiß Rechenschaft zu geben, / Bleib im Dunkeln unerfahren, / Mag von Tag zu Tage leben"[2] – und wähle als meinen Horizont insgesamt den Beginn der Eisenzeit an der Wende vom zweiten zum ersten Jahrtausend v. Chr.[3] Wichtiger aber ist mir, dem Geiste des Zitates aus diesem Gedicht im „Buch des Unmuts" mit dem Titel „Und wer franzet oder britet" zu folgen, in dessen vorausgehender zweiter Strophe der kritische Befund erhoben wird: „Denn es ist kein Anerkennen, / Weder vieler, noch des einen, / Wenn es nicht am Tage fördert, / Wo man selbst was möchte scheinen." In diesem Sinne suche ich nicht nach der Genealogie und Vorgeschichte des modernen individualisierten Kosmopoliten,

---

[1] Siehe etwa Cancik 2008; Vinzent 2011; Markschies 2012; Gordon 2014b; Frenkel 2016; Rebillard 2017; Rüpke 2018c.
[2] Goethe, *West-östlicher Divan*, Stuttgart: Cotta 1819.
[3] Eine ausführliche Analyse bei Rüpke 2016f, 35–66.

des oder *eines* Christentums oder gar die *philosophia perennis* der Esoterik, sondern eher nach einer Problemgeschichte, die uns allenfalls zu vermeiden hilft, dieselben Fehler noch einmal zu begehen.

Hier muss ich jedoch eine wesentliche Einschränkung vornehmen: Mein Ausgangspunkt ist die Entwicklung in Italien und im westlichen Mittelmeerraum. Die hier vorfindbaren – das ist natürlich auch ein Quellenproblem – eisenzeitlichen religiösen Praktiken sind auf zwei Themen konzentriert: Kontingenzbewältigung und Status-Artikulation. Das unterscheidet sie deutlich von den alt- und spätaltorientalischen Theokratien oder Gottkönigtümern, in denen mit großem Aufwand religiöse Kommunikation monopolisiert wurde oder Tempel Redistributionszentren waren.

Mit Kontingenzbewältigung meine ich vor allem das Handeln am Rande der Routine. Soweit erkennbar, thematisierte religiöse Kommunikation vor allem den Umgang mit neuen Technologien von Keramik-Herstellung, Weben, Hausbau und natürlich Ackerbau. Die Thematisierung von Status erfolgte in Bestattungspraktiken, die wir von Gräbern und Grabbeigaben her erkennen können, denen aber hoch (und heute un-) sichtbare Prozessionen und rituelle Präsentationen vorausgingen. Fortdauernder Ahnenkult an einem zunehmend architektonisch artikulierten Grab begleitete Sesshaftigkeit, Territorialisierung von Ansprüchen und Urbanisierung. Dabei müssen wir immer vor Augen haben, dass der Anspruch, autochthon zu sein, der mit solchen Gräbern erhoben wurde, nicht Ausdruck von, sondern auch Konkurrenz zu politischer oder ökonomischer Macht sein konnte. In den großen und wachsenden Siedlungen – ob wir diese nun Stadt nennen wollen oder nicht[4] – wurde sekundäre Sozialität, Interaktion über den Rahmen von Familienverbänden hinaus, zum Alltagsphänomen. Damit stellte sich immer mehr das Problem, religiösen (wie anderen) Statusgewinn an dem Körper, der diese Interaktion bestritt, sichtbar zu machen: durch Kleidung, Schmuck oder – noch körpernäher – Tätowierung und Haartracht oder Besonderheiten in elementaren Praktiken wie Essen. Erst in der Kaiserzeit wurde die Verwendung individualisierter Sekundärmedien, sprich namentlich gekennzeichneter Inschriften, zum Massenphänomen, das in der Spätantike wiederum von anderen, eher performativen Formen abgelöst wurde.

Wenn man auf die Zahl der belegbaren oder erschließbaren religiösen Handlungen, also Kommunikationsakte, schaut, wird deutlich, wie sehr in Dedikationen oder inszenierten Bestattungen diese religiösen Themen

---

4 Zur Diskussion für Italien siehe Cunliffe und Osborne 2005; Steingräber 2008; Leighton 2013; Fulminante 2014; siehe auch allgemein Zuiderhoek 2017.

dominieren. Ich wähle dabei bewusst den Ausdruck „inszenierte Bestattungen", da für die betrachtete Periode die Zahl nachweisbarer Bestattungen so weit unter den anzunehmenden liegt, dass der Schluss naheliegt, eine „inszenierte Bestattung" als eine Option zu sehen, die in vielen Fällen *nicht* gewählt wurde. Ökonomische Motive waren dafür sicher wichtig, mussten aber nicht ausschlaggebend sein. Es gibt keinen Grund anzunehmen, dass sich in diesem Punkt damalige Gesellschaften etwa von der heutigen Nachfrage nach der nicht-inszenierten Bestattung, also der Leichenbeseitigung durch Verbrennung und anonymes Begräbnis der Urne, unterschieden haben sollten.

Demgegenüber beschränkte sich die politische Nutzung von Religion notwendigerweise auf wenige herausgehobene Akteure, auch wenn diese durch ihren weit über dem Durchschnitt liegenden Ressourceneinsatz völlig überrepräsentiert sind. Damit erzeugten sie – auch schon zeitgenössisch (und bewusst) – eine Wahrnehmung, die nicht nur die Initiatoren selbst heraushob (etwa, indem sie in Bauinschriften namentlich genannt wurden). Aber auch die Formen dieses Handeln selbst wurden etwa durch Medien wie Münzen mit Abbildungen von Tempeln oder großen Ritualen, durch Reliefs und Erzählungen zu Handlungsmodellen für andere. Dennoch, die Nutzung von Religion in politischen Kontexten im Zuge von Prozessen der Staatswerdung (und um nicht mehr handelt es sich) war nicht primär, ja eher sekundär. In Attika und Athen etwa artikulierte sie primär den Status von Familienverbänden oder erlaubte Personal- und Territorialverbände analog zu konzipieren; in der entwickelten Demokratie des vierten Jahrhunderts legitimierte sie demokratische Verfahren wie die Gesetzgebung durch sekundäre Zuschreibung von *agency* an die *theoi* auf Gesetzestafeln oder die Parallelisierung von Gesetzen und Orakelbescheiden.[5] In Rom erlaubte die Schaffung eines die Situation überschreitenden religiösen Handlungsraums die Schaffung eines als „öffentlich", *publicus* bezeichneten Raumes wechselseitiger oder geteilter Verpflichtungen der *gentes*. Die Rolle des Losverfahrens in der Gesetzgebung bei der Bestimmung der Reihenfolge der Stimmeinheiten oder der Zuweisung von Aufgaben an Magistrate ist hier bezeichnend. Vor diesem Hintergrund ist es nicht überraschend, dass die Verantwortlichen für den Bau der Abstimmungsbrücke als des zentralen Instruments der Partizipation die wichtigste öffentliche Priesterschaft wurden, die Pontifices, die „Brücken-Bauer".[6]

---

5 Für diese von mir vorgenommenen Einordnungen bin ich den Diskussionen mit Esther Eidinow, Nottingham, und Rebecca van Hove, London, im Max-Weber-Kolleg zu Dank verpflichtet.
6 Zur Deutung dieser Brücken auf die Organisation von Wahlen siehe Rüpke 2016f, 130.

2 Ein Modell

Wie jedes gute Erklärungsmodell versucht auch das folgende, für die Transformation antik-mediterraner Religion, die ich analytisch als Einheit fasse, externe Faktoren, Umgebungsvariablen zu identifizieren, um nicht zirkulär zu argumentieren. Diese Faktoren gewinnen zu unterschiedlichen Zeitpunkten unterschiedliches Gewicht; religiöses Handeln entwickelt dabei eine Eigendynamik und wird selbst zu einem mächtigen Faktor, der aus der Analyse nicht herausgehalten werden kann, insofern er selbst auf die Umgebungsvariablen einwirkt.

2.1 Urbanisierung

Die erste Faktorengruppe hängt mit der Urbanisierung, der Entwicklung der antiken Städte in ihren spezifischen Gestalten zusammen. Dabei sind es drei Prozesse sozialer Veränderung, die zu veränderten – und vor allem neuen, zusätzlichen – religiösen Praktiken führten. Im Blick auf die beteiligten Akteursgruppen und die von ihnen genutzten Medien handelte es sich hier um Prozesse, die vor allem durch ein wachsendes Angebot charakterisiert waren, das sich in wachsender und veränderter religiöser Kommunikation niederschlug, die wiederum durch die Größe und Differenzierung der städtischen Bevölkerung bedingt war. Die Transformationen waren also ebenso durch Angebot wie durch Nachfrage bestimmt. Zu unterscheiden sind hier:

a) *Demokratisierung religiöser Medien:* Die breit gelagerte Elite in den Städten eignete sich Repräsentationsformen monarchischer Gesellschaften an, ein syrisches Königspaar etwa wird zum Muster der Selbstdarstellung etruskischer Adliger im Grab.[7] Solche statuarische Repräsentation war in der frühen Kaiserzeit selbst im Milieu von Freigelassenen verbreitet. Zuschreibung von Göttlichkeit an Verstorbene und die individuelle Respezifikation von Göttern durchdrangen sich.[8] Ähnliches gilt für architektonische Zeichen: Aufwändige Häuser *(aedes)* wurden zu speziellen Orten religiöser Kommunikation und erschienen in der reduzierten Form der *aediculae* wieder in menschlichen Haushalten. Politische Strukturen und Rollen wurden zur

---

7 Prayon 2004.
8 Rosenberger 2016; Material bei Wrede 1981; zur Bedeutung von Statuen siehe auch Bremmer 2013; Estienne 2016.

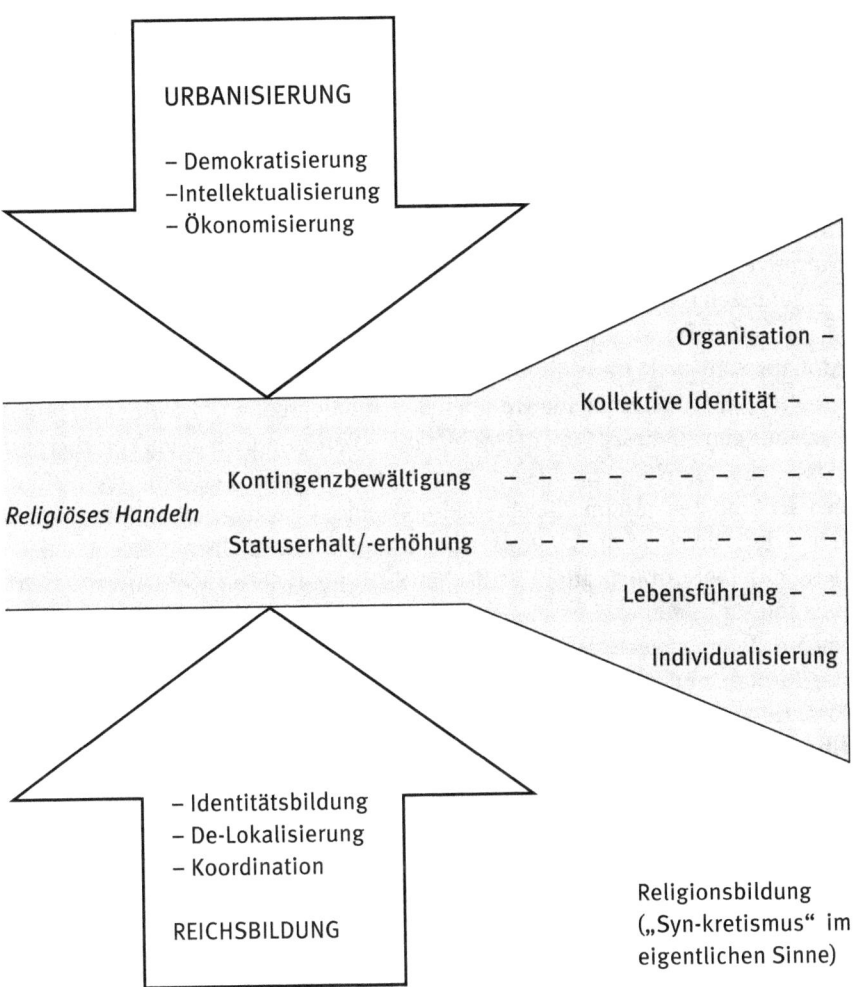

Modell zur religiösen Transformation in der mediterranen Antike

Organisation von Vereinen benutzt, die sich *magistri* oder *quinquennales* gaben.⁹ Zentrale Bedeutung hat die Theatralisierung von Religion: Prozessionen führen Götter in speziellen Statuen- oder Büstenformen durch die Straßen und erreichen so eine viel größere Anzahl von Menschen als die aufwändig gestalteten Statuen in ihren Tempel-Zellen. Im Theater – in Griechenland früh, in Rom erst in der ausgehenden Republik mit einer nicht nur temporären Architektur versehen und als Versammlungsraum monumentalisiert – wurden Narrative dramatisiert, Epiphanien der Göttinnen und Götter als handelnde Zeitgenossen routinisiert.¹⁰

b) *Intellektualisierung:* Bedingt vor allem durch die leicht erlernbaren Alphabetschriften und die wachsende Arbeitsteiligkeit städtischer Gesellschaften, entstanden kleine Gruppen von Intellektuellen, die die Welt und die Beziehungen zu dieser Welt als systematisierbares und vor allem speicherbares, Wissen behandelten. In diesem Prozess wurde auch Religion wissensförmig gemacht, ob das nun im Einzelnen Philosophie, Historiographie, Antiquarianismus oder Theologie hieß.¹¹ Professionsbezogenes Spezialistenwissen, wie es in den Schreibergruppen altorientalischer Städte entwickelt worden war,¹² wirkte aus dieser Perspektive ebenso anziehend wie fremdartig und wurde entsprechend angeeignet und modifiziert. Dieser Prozess ist im Griechenland des fünften und vierten, im Alexandria des dritten und im Rom des zweiten Jahrhunderts v. Chr. zu beobachten; er ging mit einem hohen Interesse an Übersetzung und Übersetzbarkeit einher.¹³ Auf die Dauer kam es damit auch zu Verschiebungen. Die alten Eliten, die politische Macht mit der in der öffentlichen Schlachtung von Tieren demonstrierten agrarischen Verfügungsgewalt verbanden, verloren die Attraktivität des im lokalen politischen Verband vollzogenen Opfers. Autoren, also namentlich hervortretende Verfasser, und ethische Vegetarier forderten aus unterschiedlichen Gründen dasselbe, das Ende der Opfer.¹⁴ Intellektuelle suchten und fanden nicht nur Lesende, sondern auch Anhängerinnen und Anhänger.¹⁵

---

9 Siehe Kloppenborg und Wilson 1996; Egelhaaf-Gaiser und Schäfer 2002; Rüpke 2007a; Steuernagel 2005; Jaccottet 2011; Harland 2014; Steinhauer 2014; kurz Kloppenborg 2006; zur Rolle in Städten allgemein Casanova 2013.
10 Siehe Bernstein 2007; Van Nuffelen 2012; Chaniotis 2013; Estienne 2014; Stavrianopoulou 2015; Latham 2016.
11 Rüpke 2014a; Rüpke 2016f, 166–191.
12 Siehe in breitem Vergleich Law et al. 2015.
13 Z.B. Rajak 2009; Stefaniw 2011.
14 Stroumsa 2005; Ullucci 2012. Zur Orthonymität: Becker 2012.
15 Johnson 2010; Eshleman 2012; Rüpke 2016b.

Der bloße Kultfunktionär stand unter dem Druck der Religionsphilosophen. Ohne aufwändige Ritualdeutung bekam das Ritual einen schalen Geschmack.[16] Religion gewann eine massive textliche Komponente. Das konnte sich in ganz unterschiedlichen Formen äußern: Verschriftlichung von Deutungen, etwa von Ritualen, Konservierung und Pflege alter Texte, Kommentierung anderer Texte, „Klassikern" zumal, Nacherzählung älterer Texte (das Phänomen der „rewritten bible"[17]), das Neuerfinden immer neuer Varianten und Fortsetzungen, und das zahllose Kopieren all dieser Texte. Dabei war das vielsprachige römische Reich wie schon die hellenistischen Reiche eine Übersetzungskultur; ein erfolgreicher griechischer Text (hier regt die reiche Tradition zumal zur Textproduktion an) war schnell ins Lateinische, aber auch ins Syrische oder Ägyptische übersetzt, vielleicht auch ins Aramäische oder Arabische.[18] Das Kirchenslawische wurde am Rande dieser Kultur erfunden. Das eröffnet freilich auch die Gegenstrategie, sich mit Hilfe einer „heiligen Sprache" abzuschotten: Das betrieben die Rabbinen in ihrer bizarren (weil in den Texten nicht reflektierten) Minderheitensituation nicht anders als später die Hüter des Korans.[19]

c) *Ökonomisierung:* Die hohe soziale Differenzierung, die sich in den durch hohe Mobilität offenen und punktuell marktförmig organisierten Städten[20] ereignete, führte auch zu einer Ökonomisierung von Religion. Das begann bei Handwerkern, die seit dem fünften Jahrhundert v. Chr. massenhaft Weihgaben für den Konsum an Kultstätten produzierten, zog aber seit hellenistischer Zeit zunehmend auch religiöse Dienstleister an, die als Unternehmer zum Beispiel Heilung oder Divination anboten, zunehmend aber auch exzeptionelle religiöse Erfahrungen und religiöses Wissen verkauften – sei es direkt, sei es über den Umweg einer Patronage, die ein kostenarmes oder kostenloses Angebot ermöglicht. Es waren die religiösen Kleinunternehmer, die vor allem im Freigelassenenmilieu, aber auch unter Frauen und Sklaven mit ihren jeweiligen strukturellen Einschränkungen von Handlungsoptionen, reüssierten und zum innovativsten Element in der kaiserzeitlichen Religionsgeschichte wurden.[21]

---

16 Siehe etwa das Ritual des „Oktoberpferdes": Rüpke 2009a.
17 Dazu Zsengellér 2014.
18 Zur Wirkung über die Grenzen des *Imperium Romanum* hinaus siehe Takahashi 2014.
19 Zu möglichen Konsequenzen vgl. die These von Edrei und Mendels 2007, 2008.
20 Zur Diskussion knapp Zuiderhoek 2017.
21 So vor allem in den Arbeiten von Richard Gordon, z.B. Gordon 1988; Flint et al. 1999; Gordon 2011; 2013a; 2013b; 2013c; 2015; 2016b; 2017b; Gordon, Petridou und Rüpke 2017; Albrecht et al. 2018; siehe auch die weiteren Beiträge.

2.2 Reichsbildung

Der neben der Stadtwerdung wichtigste Faktor für die antik-mediterranen Transformationsprozesse war der Prozess der Reichsbildung selbst.[22] Im Blick auf Religion erscheinen mir drei Bündel von Entwicklungen zentral, die auf entstehende Defizite reagierten und dabei eine Nachfrage nach religiösen Leistungen erzeugten:

a) *Identitätsbildung:* Reichsbildung war und ist keine Ausbildung eines Territorialstaates, sondern die systematische Kooptation lokaler und regionaler politischer Eliten zur Mitwirkung an einer wenigstens grob aufeinander abgestimmten Verwaltung, der Bildung eines gemeinsamen Marktes (auch wenn zahllose lokale Steuern verblieben und die Massen des Warenaustausches regional blieben) und der Bündelung der militärischen Kräfte, genauer: der Zentralisierung der Verfügung darüber.[23] Städte waren dabei im römischen Reich ein zentrales Instrument.[24] Auch wenn sich für die lokalen Eliten damit neue Zugewinne an Prestige und Handlungsmöglichkeiten ergaben, verloren sie doch ihr Herrschaftsmonopol: Provinzstatthalter und Kaiser wurden zu Appellationsinstanzen, die über Münzen, Statuen, Bauwerke und andere Wohltaten auch im engsten lokalen Raum spürbar wurden.

Wenn Religion sich auf Akteure bezieht, die jenseits individueller und gesellschaftlicher Verfügung liegen und doch zugleich auf diese Kontexte bezogen werden, muss sie auf die komplexeren Schichtungen sozialer und politischer Identitäten reagieren. i) Sie kann sich auf die untersten sozialen Formationen, Familien, Nachbarschaften konzentrieren. Das scheint der zentrale Prozess im chinesischen Reich gewesen zu sein.[25] ii) Sie kann sich ganz auf die Reichsebene konzentrieren, Monopol- oder Reichsreligion[26] werden. Das ist zumindest ansatzweise das byzantinisch-islamische Modell.[27] iii) Oder sie kann den intermediären Bereich besetzen und eigene Strukturen und Netzwerke ausbilden. Das scheint das dominierende Modell in der Kaiserzeit gewesen zu

---

22 Siehe Ando 2008, 2013a, 2013b; Woolf 2009, 2012b; Rüpke 2014c, 1–21.
23 Zur Diskussion siehe Howe 2002; Scheidel 2009; Arnason und Raaflaub 2011; Hurlet 2011; Bang und Kolodziejczyk 2012. Zum *Imperium Romanum* siehe auch Stroumsa 2013; Ando 2014b; Terrenato 2015; Ando 2016; Khatchadourian 2016.
24 Siehe Lenski 2016.
25 So Greg Woolf (mündlich). Vgl. Wei-Ming 1986; Loewe 1994; Seiwert 1994; Schmidt-Glintzer 1997; Liu und Shek 2004.
26 Zum Konzept siehe Rüpke 2011a.
27 Vgl. Fowden 1993; 2013; Millar 2006; Pohl 2012.

sein. Trotz aller Rhetorik eigener ethnischer Identität auf allen Seiten[28] wurde die Dominanz der Reichsebene nicht in Frage gestellt. Ansätze zur Konkurrenz von Reichspolitik und religiöser Formierung wurden unterdrückt oder marginalisiert: Das traf insbesondere auf das Mönchtum oder auf die Bildung jüdischer (ich denke an Bar Kochba und später den Kaukasus) oder zoroastrischer Staaten außerhalb des *Imperium Romanum* zu.

Dennoch, Religion wurde zu einem Medium kollektiver Identität neben und in gewissem Ausmaß auch an Stelle politischer Identitäten. In der Semantik griff das die familiale, aber vor allem politische Terminologie auf: Bürgerschaft und Bürgerrecht, *civitas*, waren das zentrale Konzept, um über kollektive Identitäten jenseits familiärer Zusammenhänge nachzudenken.[29]

b) *De-Lokalisierung:* Auch wenn das neue Identitätssegment nicht mit dem *Imperium Romanum* konkurriert, muss es doch auf dessen – aus je lokaler Sicht – entgrenzten Charakter reagieren und die Beziehungen zu dieser größeren Welt thematisieren können. Gegenüber der charakteristischen lokalen und materialen Verdinglichung der nicht unbezweifelbar plausiblen Akteure wird die überregionale Anbindung, der Verweis auf einen Ort des verehrten Gottes jenseits der Alltagswelt wichtig. Es ist dieser Ort, der die (im Maßstab des Imperiums) „Globalität" einer Gottheit absichert, die natürlich auch weiterhin lokal wirksam sein soll. Hier spielen die im fernen Rom lokalisierten Augusti als Adressaten religiöser Kommunikation eine Rolle,[30] aber auch Isis, Jahwe, Mithras oder Iuppiter Dolichenus weisen solche Bezüge auf. Rom und Athen, Alexandria, Jerusalem, „Persien" oder Doliche gewinnen als Referenzen an Bedeutung.[31] Die identitätsbildenden religiösen Orte müssen keine realen Kultorte sein, ja es müssen nicht einmal echte Orte sein: Der Kaiser ist ein Beispiel dafür, dass ein Mensch zum Topos, zum Bezugspunkt religiöser Kommunikation werden kann.

Die Wahl der Kultorte ist freilich nicht beliebig. Zumindest vom späten ersten bis zum frühen dritten Jahrhundert hat das *Imperium Romanum* ein symbolisches und intellektuelles Zentrum: Rom. Hier will jede Schule, jedes größere Netzwerk irgendwie präsent sein, hier werden Ideen über kulturelle Distanzen in hoher Geschwindigkeit transportiert. Dieser intellektuelle Kommunikationsraum ist ähnlich entgrenzt, wie wir es vorher und nachher aus

---

28 Lieu 2004; DePalma Digeser 2006; Schott 2008; Perkins 2009; Nigdelis 2010; Rebillard 2012.
29 Siehe Ando 2013b; Ando 2014a.
30 So eindringlich Ando 2008, 119.
31 Siehe die Beobachtungen bei Petsalis-Diomidis 2007, Platt 2011; ebenso Rowan 2012; Thomas 2014.

Alexandria kennen; gerade deswegen lädt er natürlich auch zu Polemik und Abgrenzung ein. Die Oracula Sibyllina verdammen den Ort, hermetische Texte stellen dem Zufluss des syrischen Orontes in den Tiber, den Juvenal schon im ersten Jahrhundert (wenn auch nicht explizit auf Religion bezogen) beklagt hat, die Behauptung von Ägypten als *templum totius mundi* entgegen.[32]

Wenn man diesem Modell der „Entgrenzung" folgen will, das nicht zuletzt auch auf der Idee von Jonathan Zittel Smith eines Wandels von ortsbezogenen und herrschaftstabilisierenden „lokativen", individuumsbezogenen und herrschaftskritischen „utopischen", das heißt nicht-mehr-ortsbezogenen Kulten beruht,[33] dann muss die konsequente Bekämpfung religionsdurchtränkter Rebellionen in den ehemaligen hellenistischen Reichen – Ägypten, die jüdischen Kriege, Palmyra – in jedem Fall genannt werden. Wenigstens in den beiden erstgenannten Fällen, aber vielleicht auch mit Emesa und Doliche, wurde diesen Zentren derart gründlich die Grundlage autonomer Machtbildung entzogen, dass die „Religionifizierung" und mit ihr unter den genannten Bedingungen die Universalisierung massiv vorangetrieben wurde. Elagabal scheiterte zwar in Rom, nicht aber der Sonnengott, wie Aurelian am Ende des dritten und Konstantin am Anfang des vierten Jahrhunderts zeigten.

c) *Koordination:* Die vergleichsweise hohe Mobilität in diesen Räumen tat ein weiteres: Zum einen sorgten Immigranten für religiöse Pluralität, die zunehmend als solche erfahrbar und in differente Identitäten umgesetzt wurde. Zum anderen hingen sie nicht nur nostalgisch Kindheits-Kulten an, sondern forderten, wie bereits skizziert, Wiedererkennbarkeit zuvor erlebter Zeichensysteme ein. Ikonographische Schemata, Musterbücher und im weiten Raum zirkulierende Texte schufen jene Wiedererkennbarkeit, die uns heute zu der homogenisierenden Rede von „Kulten" verführt. Religiöse Praktiken, ja selbst Vorstellungen blieben primär lokal, aber sie erhoben den Anspruch, ja mussten den Gestus des Verweisens auf etwas Translokales, auf Uniformität und fremde Zentren bieten. Auch das regte Übersetzung an. Ein tatsächlich übergreifender intellektueller Diskursraum dürfte dagegen auf vergleichsweise wenige Personen begrenzt gewesen sein, auch wenn von einem solchen Netzwerk Ideen dann schnell weitertransportiert werden konnten. Institutionelle Koordination scheint dagegen weit dahinter zurückgeblieben zu sein. Erst wenn ein Kaiser wie Konstantin das Netzwerk seiner bischöflichen Freunde so ernst nahm, dass er sie zu Beratern in entfernten lokalen Angelegenheiten machte, trieb er die überregionale Institutionalisierung in einer Weise voran, die diese (oder andere)

---

32 Corp. Herm. *Asclepius* 24; Iuv. *sat.* 3,62. Zur Analyse siehe Rüpke 2016g.
33 Etwa Smith 2003.

Religionen aus eigener Kraft nie geschafft hätten.[34] Selbst auf lokaler Ebene blieben Dachinstitutionen wie die *sacerdotes urbis Romae* oder der *pater patrum* des Mithras schwach und erst seit dem dritten Jahrhundert sichtbar.[35] Christoph Markschies' Arbeit zu den institutionellen Orten von Theologie macht deutlich, welcher auch konzeptionelle Korrekturbedarf hier in der Kirchengeschichtsschreibung besteht.[36]

2.3 Individualisierung durch Schrift

Eine urbane Kulturtechnik bestimmte die langfristige Entwicklung in einer Weise, die einen herausragenden Platz im Modell verlangt, das Schreiben. Dabei geht es nicht um die bloße Verbreitung eines Alphabets zur Dokumentation, Präskription oder Fingierung gesprochener Sprache oder zur Inventarisierung und Erleichterung wirtschaftlicher Transaktionen.[37] Schrift wurde immer häufiger in religiöse Praktiken eingebaut; die „Weihinschrift" war keine bare Notwendigkeit, sondern eine Option religiöser Sprechakte und religiöser Transaktionen, die in der Kaiserzeit griechische und dann lateinische Praktiken zu einer Art Norm, zu einem Zeichen der Zugehörigkeit zu mediterranen religiösen Koine machte und seit dem ersten Jahrhundert n. Chr. zu einem Massenphänomen in der Breite des *Imperium Romanum* wurde.[38]

Aber die Rolle des Schreibens erschöpfte sich darin nicht. Religiöse Praktiken konnten an ein Verständnis des Schreibens anknüpfen, das den Autoren (und Autorinnen) eine wichtige Rolle in der Kommunikation durch Texte einräumt: Sie waren *auctores*, „Urheber", die im Text präsent wurden, besondere Rollen einnehmen konnten. Religiöses Handeln und Erleben war nicht nur Gegenstand von Texten, sondern das Schreiben, Rezitieren und Rezipieren von Texten wurde selbst zu einer als religiös qualifizierten Praxis. Religion darstellbar und wissbar zu machen, war ein Anliegen von „Intellektuellen" in griechischen Poleis seit hellenistischer Zeit; in Rom freilich erst im zweiten und zumal ersten Jahrhundert v. Chr. greifbar.[39]

---

34 Siehe Barceló 2013.
35 Rüpke 2005b, 22 bzw. 37.
36 Markschies 2007.
37 Zum urbanen Charakter siehe die Beobachtungen in Law et al. 2015.
38 Zur religiösen Funktion dieser Form des Schreibens siehe oben, besonders Beard 1991; Rüpke 2009b.
39 Rüpke 2014a.

Schreiben erzeugte religiöse Autorität und wurde also selbst zu einer religiösen Praktik, die religiöses Handeln zu etwas macht, das man interpretieren, verbreiten, reflektieren kann – und diese Formen selbst lassen sich institutionalisieren. Die „Heiligen Berichte" des Aelius Aristides aus dem zweiten Jahrhundert n. Chr. sind so nicht nur eine Quelle für religiöse Praktiken, deren Historizität sich unserer Überprüfung entzieht. Interessanter ist die enge Verbindung, die Autobiographie und Übermittlung der göttlichen Botschaft hier eingingen. Der Text selbst mit seinen Sprüngen in Raum und Zeit folgte nicht einfach dem Gang der Ereignisse, sondern dem Gott selbst, der bestimmte, welche Erinnerungsräume abgeschritten werden (2,4) – wenn auch die theoretische Möglichkeit für den interessierten Leser bestünde, das an Dokumenten, an zeitnahen Verschriftlichungen der Träume durch Aristides zu überprüfen, genauer: zu detaillieren (2,8). Wie die Erstellung der Inschrift wurde auch die Erstellung des Textes insgesamt dramatisiert.[40] Der Autor, der nur Sprachrohr und Projektionsfläche göttlichen Handelns zu sein vorgab, beglaubigte dieses göttliche Handeln, indem er sich selbst in äußerster Detailliertheit narrativ konstruierte und in seiner Individualität behauptete.

Mit einer solchen Strategie stand Aristides (117–nach 177 n. Chr.) im zweiten Jahrhundert nicht allein. Um den Beginn des Jahrhunderts hatte im Rahmen der Gattung Apokalypse (die erstmals mit diesem Begriff in diesem Text benannt wurde) der Text des Johannes von Patmos seinem Autor, dem Visionär, ein individuelles Gesicht als Zeitgenosse seiner Leserschaft gegeben. Ein stadtrömischer Autor, im Text als Hermas angesprochen, setzte diese Strategie in der ersten Jahrhunderthälfte fort. Seine Visionen werden biographisch und topographisch lokalisiert, mit relativen Zeitangaben versehen. Wie später Aristides entblößt er sich vor seiner Leserschaft bis hin in den Bereich der Gedankensünden hinein: Er führt sich selbst als ehemaligen Sklaven ein, der seine ehemalige Besitzerin nackt aus dem Tiber entsteigen sieht. Dafür wird ihm später die göttliche Erscheinung sündige Gedanken unterstellen.[41] Hier wird eine spezifisch religiöse Individuierung und biographische Individualität entwickelt, die an Formen individueller Autorschaft seit hellenistischer Zeit anknüpft. Wo der Dichter Kallimachus seine eigene literarische Person in einer literarischen Auseinandersetzung schafft, die er ebenso unter Historizitätsanspruch stellt wie mit

---

40 Petsalis-Diomidis 2006, 201. Zu P. Aelius Aristides Jones 1998 und besonders Petridou 2014; 2015; 2017; zum Begriff der „Hieroi logoi", der „heiligen Reden" Baumgarten 1998.
41 Hirt des Hermas 1 = *visio* 1,1; Rüpke 2003. Siehe auch Brox 1991; Leutzsch 1989; Osiek 1999; Rüpke 1999.

Fiktionalitätssignalen versieht,[42] so schaffen Hermas, Aristides (und später Augustinus) mit Hilfe ihres jeweiligen göttlichen Gesprächspartners einen sozialen Raum eigenen Typs für ihre erzählte Individuierung.[43]

Schreiben und Schrift realisierten sich aber auch in viel knapperen Texten, nämlich auf Gemmen. Es ist eine Eigenart der römischen Kaiserzeit, dass (kurzer) Text neben und an die Stelle von Bildern auf jenen kleinformatigen Objekten trat, die dicht am oder auf dem Körper getragen Schutz- und Abwehrhandlungen präsentierten.[44] Gerade die Schrift erlaubte eine Verschiebung in der Wirkungsweise: Aus der Erinnerung an und dem Verweis auf ein komplexes, von Experten oder Expertinnen durchgeführtes Ritual trat nun mit Hilfe von Schrift die andauernde Performanz eines äußerst verknappten Rituals auf und durch den Stein,[45] das auch unter ökonomischen Gesichtspunkten einer breiten Gruppe von Personen zugänglich war. Vor dem Hintergrund der zuvor analysierten Entwicklungsfaktoren nimmt es nicht wunder, dass sich Gemmen mit Text in Städten konzentrierten.

3 Zusammenfassung: Individualisierung und Religionsbildung, Reichsbildung und Urbanisierung

Wie immer wieder angeklungen ist, waren die beschriebenen Prozesse nicht unabhängig voneinander. Natürlich spielen für eine historische Erzählung, wie ich sie in „Pantheon"[46] entwickelt hatte, kontingente Faktoren wie religiöse Präferenzen von Kaisern, Veränderungen von Außengrenzen oder Pestwellen eine Rolle. Für mein Faktorenmodell wichtiger ist demgegenüber die Beobachtung einiger struktureller Gegebenheiten, etwa der zentralen Rolle, die – an einer Schnittstelle aller drei Entwicklungslinien – Anbieter religiöser Dienstleistungen wie Auslöser von Gruppierungsprozessen und deren Konsumenten und Rezipienten spielten, einer Rolle, die sie den aristokratischen Financiers von sogenannten öffentlichen Kultbauten für die kaiserzeitliche Epoche abnahmen. Am Ende meiner Überlegungen möchte ich drei weitere Beobachtungen anschließen.

---

42 Radke-Uhlmann 2008.
43 Siehe auch Maier 2015.
44 Faraone 2018, 239.
45 Ebd.
46 Rüpke 2016f.

Gerade für die Beschreibung gegenwärtiger religiöser Entwicklungen ist eine Paradoxie zu betonen. Einige der genannten Prozesse bündeln sich zu etwas, was man mit hohem komparativen Gewinn als Individualisierung bezeichnen kann.[47] Damit meine ich nicht nur die Zunahme religiöser „Optionen" (deren Wahlcharakter allerdings oft nur schwer überprüfbar ist), sondern ebenso körperbezogene Praktiken, wie sie etwa der Asklepioskult bot, wie Praktiken der Selbstreflexion, von Traumdeutungen über Zukunftsszenarien der Divination bis hin zu philosophischen Übungsprogrammen. Ihre Absicherung über kollektive Identitäten und Gruppenbildungen führten aber zu einem doppelten Paradox. Zur Absicherung einer Option, einer Wahlmöglichkeit gedacht, forderten sie zugleich eine Standardisierung des Verhaltens ihrer Mitglieder ein. In einer Welt starker familiärer und schwacher und durch die sich darüber lagernde politische und ideologische Ebene des Reiches noch einmal duplizierter politischer Identitäten wurde individuelle Lebenspraxis damit nur um ein weiteres Persönlichkeitssegment bereichert, das eher noch gesteigert Individualität in Durchdringung von Selbst und göttlichem Anderen auflöste. Gerade die Proliferation des Kaiserkultes, der nicht nur Herrscherverehrung war,[48] zeigt, wie zentral der Diskurs über den göttlichen Charakter des Menschen war, der hier exemplarisch geführt wurde.

Wenn meine Faktorenanalyse in die richtige Richtung geht, erklärt das Modell eine Besonderheit der religiösen Transformationen der Epoche, die religiöse Ost-West-Drift. Dass einige der erfolgreichsten religiösen Zeichen und Netzwerke eine Vorgeschichte im fruchtbaren Halbmond, in Ägypten, Syrien-Palästina, aber auch in den vielfältigen Landschaften Kleinasiens haben, hat kaum etwas mit spezifischen Botschaften zu tun: Auferstehung der Toten und Jenseitsvorstellungen fanden viele lächerlich. Persönliche Zuneigung und Gemeinschaftserlebnisse boten auch andere Gottheiten. Die Faktoren, die eine substanzielle Rolle spielten, dürften dagegen eher in dem Strukturierungsgewinn dieser auf dem Weg der Verdichtung, Ausdifferenzierung und in langfristiger Perspektive „Religionifizierung" stärker vorangeschrittenen Praktiken zu suchen sein, die bereits eine viel längere Entwicklung in der Spannung von Städten und den persischen und den hellenistischen Reichen aufwiesen.

---

47 Zum Begriff siehe Fuchs und Rüpke 2015b; speziell zur Antike: Rüpke und Spickermann 2012; Rüpke 2013c; 2013a; Rebillard und Rüpke 2015a; Rüpke 2016a; jetzt umfassend Fuchs et al. 2019.
48 Zum Problem siehe Cancik und Hitzl 2003.

Deutlich geworden ist schließlich die Bedeutung, die der Faktor Raum für Religion besitzt. Das betrifft nicht nur Urbanisierung und Reichsbildung als äußere Faktoren, sondern der Raumbezug, der religiösen Praktiken, so wie sie anfangs gefasst wurden, implizit inhärent ist: eine Praktik, die in einem sozialen wie topographischen Raum Beziehungen über diesen Raum hinaus herstellt. Stadt und Imperium standen dann nicht nur in einer kontingenten, sondern in einer inneren, einen konzeptuellen Beziehung zu religiösen Transformationen. So wie für die Individualisierung konnte ich auch für den räumlichen Kontext des Reiches auf eine reiche jüngere Forschung zurückgreifen. Für Urbanisierung und den inneren Zusammenhang von Religion und Stadt ist das nicht in gleicher Weise möglich. Hier liegt eine Aufgabe für die Zukunft.

Literaturverzeichnis

Alle Abkürzungen richten sich nach Siegfried M. Schwertner, *IATG³ – Internationales Abkürzungsverzeichnis für Theologie und Grenzgebiete. Zeitschriften, Serien, Lexika, Quellenwerke mit bibliographischen Angaben*, 3., überarbeitete und erweiterte Auflage, Berlin/Boston: de Gruyter 2014.

Al-Azmeh, Aziz 2014, *The emergence of Islam in late antiquity: Allāh and his people*, Cambridge: Cambridge University Press.
Albrecht, Janico et al. 2018, „Religion in the Making: The Lived Ancient Religion Approach," *Religion* 48 (2). 1–27.
Alroth, Brita 1988, „The Positioning of Greek Votive Figurines," in Robin Hägg, Nanno Marinatos und Gullög C. Nordquist (Hgg.), *Early Greek Cult Practice: Proceedings of the Fifth International Symposium at the Swedish Institute at Athens, 26–29 June, 1986*, Stockholm: Åström. 195–203.
Ando, Clifford 2000, *Imperial ideology and provincial loyalty in the Roman Empire* (Classics and contemporary thought 6), Berkeley, Ca. et al.: University of California Press.
Ando, Clifford 2008, *The Matter of the Gods: Religion and the Roman Empire* (Transformation of the Classical Heritage 44), Berkeley: University of California Press.
Ando, Clifford 2010, „Imperial Identities," in Tim Whitmarsh (Hg.), *Local Knowledge and Microidentities in the Imperial Greek World. Greek Culture in the Roman World*, Cambridge: Cambridge University Press. 17–45.
Ando, Clifford 2013a, „Subjects, Gods, and Empire, or Monarchism as a Theological Problem," in Jörg Rüpke (Hg.), *The Individual in the Religions of the Ancient Mediterranean*, Oxford: Oxford University Press. 85–111.
Ando, Clifford 2013b, „Cities, Gods, Empire," in Ted Kaizer et al. (Hgg.), *Cities and Gods: Religious Space in Transition* (Babesch Supplement 22), Leuven: Peeters. 51–57.
Ando, Clifford 2014a, „Postscript: Cities, Citizenship, and the work of Empire," in Harold A. Drake und Claudia Rapp (Hgg.), *The City in the Classical and Post-Classical World: Changing Contexts of Power and Identity*, New York: Cambridge University Press. 240–256.
Ando, Clifford 2014b, „Pluralism and Empire: From Rome to Robert Cover," *Critical Analysis of Law* 1 (1). 1–22.
Ando, Clifford (Hg.) 2016, *Citizenship and Empire in Europe 200–1900: The Antonine Constitution after 1800 years* (Potsdamer altertumswissenschaftliche Beiträge 54), Stuttgart: Steiner.
Archer, Margaret S. 1996, *Culture and Agency: The place of culture in social theory*, Cambridge: Cambridge University Press.
Arnason, Johann P. und Raaflaub, Kurt A. (Hgg.) 2011, *The Roman Empire in Context: Historical and Comparative Perspectives*, Chichester: Wiley-Blackwell.
Arnhold, Marlis 2013, „Group Settings and Religious Experiences," in Nicola Cusamano et al. (Hgg.), *Memory and Religious Experience in the Graeco-Roman World* (Potsdamer altertumswissenschaftliche Beiträge 45), Stuttgart: Steiner. 145–165.

Attridge, Harold W. 1978, „The Philosophical Critique of Religion under the Early Empire," *ANRW II.16,1*. 45–78.
Auffarth, Christoph 1995, „Gaben für die Götter – für die Katz? Wirtschaftliche Aspekte des griechischen Götterkults am Beispiel Argos," in Hans G. Kippenberg und Brigitte Luchesi (Hgg.), *Lokale Religionsgeschichte*, Marburg: Diagonal-Verlag. 259–272.
Bang, Peter Fibiger und Kolodziejczyk, Dariusz (Hgg.) 2012, *Universal Empire: A Comparative Approach to Imperial Culture and Representation in Eurasian History*, Cambridge: Cambridge University Press.
Barceló, Pedro 2013, *Das Römische Reich im religiösen Wandel der Spätantike: Kaiser und Bischöfe im Widerstreit*, Regensburg: Pustet.
Barton, Carlin A. und Boyarin, Daniel 2016, *Imagine No Religion: How Modern Abstractions Hide Ancient Realities*, New York: Fordham University Press.
Baudry, Robinson 2008, *Les patriciens à la fin de la République romaine et au début de l'Empire* (Microfiche-Ausgabe), Paris: Diss. Sorbonne.
Baudry, Robinson 2016, „Prestige et prêtrises patriciennes (fin de la République et début du Principat)," in Robinson Baudry und Frédéric Hurlet (Hgg.), *Le prestige à Rome à la fin de la République et au début du Principat* (Colloques de la Maison de l'archéologie et de l'etnologie René-Ginouvès 13), Paris: Boccard. 39–52.
Baumgarten, Roland 1998, *Heiliges Wort und Heilige Schrift bei den Griechen: Hieroi Logoi und verwandte Erscheinungen* (ScriptOralia 110), Tübingen: Gunter Narr.
Beard, Mary 1991, „Writing and religion: Ancient Literacy and the function of the written word in Roman religion," in Mary Beard et al. (Hgg.), *Literacy in the Roman world* (JRArS 13), Ann Arbor, Mi.: University of Michigan. 35–58.
Becker, Eve-Marie 2012, „Antike Textsammlungen in Konstruktion und Dekonstruktion: Eine Darstellung aus neutestamentlicher Sicht," in Eve-Marie Becker und Stefan Scholz (Hgg.), *Kanon in Konstruktion und Dekonstruktion: Kanonisierungsprozesse religiöser Texte von der Antike bis zur Gegenwart. Ein Handbuch*, Berlin: de Gruyter. 1–29.
Belayche, Nicole et al. 2005, „Divination romaine," *Thesaurus Cultus et Rituum Antiquorum 3*. 79–104.
Belayche, Nicole und Pirenne-Delforge, Vinciane (Hgg.) 2015, *Fabriquer du divin: Constructions et ajustements de la représentation des dieux dans l'antiquité* (Collection Religions: Comparatisme – Histoire – Anthropologie 5), Liège: Presses Universitaires de Liège.
Bender, Courtney 2016, „How and Why to Study up: Frank Lloyd Wright's Broadacre City and the Study of Lived Religion," *NJRS* 29 (2). 100–116.
Bendlin, Andreas 1997, „Peripheral Centres – Central Peripheries: Religious Communication in the Roman Empire," in Hubert Cancik und Jörg Rüpke (Hgg.), *Römische Reichsreligion und Provinzialreligion*, Tübingen: Mohr Siebeck. 35–68.
Bernabé Pajares, Alberto 2008, *Instructions for the Netherworld: The Orphic Gold Tablets* (RGRW 162), Leiden: Brill.
Bernstein, Frank 1998, *Ludi publici: Untersuchungen zur Entstehung und Entwicklung der öffentlichen Spiele im republikanischen Rom* (Historia Einzelschriften 119), Stuttgart: Steiner.
Bernstein, Frank 2007, „Complex rituals: Games and processions in Republican Rome," in Jörg Rüpke (Hg.), *A Companion to Roman Religion*, Oxford: Blackwell. 222–234.
Bieler, Andrea 2007, „Embodied Knowing: Understanding Religious Experience in Ritual," in Hans-Günter Heimbrock und Christopher P. Scholtz (Hgg.), *Religion: Immediate Experience and the Mediacy of Research – Interdisciplinary Studies in the Objectives*,

Concepts and Methodology of Empirical Research in Religion, Göttingen: Vandenhoeck & Ruprecht. 39–59.
Bielfeldt, Ruth 2014, „Lichtblicke-Sehstrahlen: Zur Präsenz römischer Figuren- und Bildlampen," in Ruth Bielfeldt (Hg.), *Ding und Mensch in der Antike: Gegenwart und Vergegenwärtigung* (Akademie Konferenzen 16), Heidelberg: Winter. 195–238; 350–366.
Bonnet, Corinne und Rüpke, Jörg (Hgg.) 2009, *Les religions orientales dans les mondes grec et romain = Die orientalischen Religionen in der griechischen und römischen Welt* (Trivium: Revue franco-allemande de sciences humaines et sociales/Deutsch-französische Zeitschrift für Geistes- und Sozialwissenschaften 4), Paris: Maison des sciences de l'homme.
Bonnet, Corinne, Rüpke, Jörg und Scarpi, Paolo (Hgg.) 2006, *Religions orientales – culti misterici: Neue Perspektiven – nouvelle perspectives – prospettive nuove* (Potsdamer altertumswissenschaftliche Beiträge 16), Stuttgart: Steiner.
Bowden, Hugh 2008, „Before Superstition and After: Theophrastus and Plutarch on Deisidaimonia," in Stephen Anthony Smith and Alan Knight (Hgg.), *The Religion of Fools? Superstition Past and Present* (PaP.S 3), Oxford: Oxford University Press. 56–71.
Boyarin, Daniel 2003, „Semantic Differences; or, ‚Judaism'/‚Christianity,'" in Adam Becker und Annette Yoshiko Reed (Hgg.), *The Ways that Never Parted: Jews and Christians in Late Antiquity and the Early Middle Ages* (TSAJ 95), Tübingen: Mohr Siebeck. 65–85.
Boyarin, Daniel 2004a, *Border lines: The partition of Judaeo-Christianity* (Divinations), Philadelphia, Pa.: University of Pennsylvania Press.
Boyarin, Daniel 2004b, „The Christian Invention of Judaism: The Theodosian Empire and the Rabbinic Refusal of Religion," *Representations* 85. 21–57.
Bracht, Katharina 2014, *Hippolyts Schrift In Danielem: Kommunikative Strategien eines frühchristlichen Kommentars* (STAC 85), Tübingen: Mohr Siebeck.
Bremmer, Jan N. 2002, *The rise and fall of the afterlife: The 1995 Read-Tuckwell lectures at the University of Bristol*, London: Routledge.
Bremmer, Jan N. 2010, „The Rise of the Unitary Soul and Its Opposition to the Body. From Homer to Socrates," in Ludger Jansen und Christoph Jedan (Hgg.), *Philosophische Anthropologie in der Antike* (Themen der antiken Philosophie 5), Heusenstamm: Ontos, 11–29.
Bremmer, Jan N. 2013, „The agency of Greek and Roman statues: From Homer to Constantine," *Opuscula* 6. 7–21.
Bremmer, Jan N. 2014, *Initiation into the Mysteries of the Ancient World* (Münchener Vorlesungen zu antiken Welten 1), Berlin: de Gruyter.
Bremmer, Jan N. 2016, „The Construction of an Individual Eschatology: The Case of the Orphic Gold Leaves," in Katharina Waldner, Richard Gordon und Wolfgang Spickermann (Hgg.), *Burial Rituals, Ideas of Afterlife, and the Individual in the Hellenistic World and the Roman Empire* (Potsdamer altertumswissenschaftliche Beiträge 57), Stuttgart: Steiner. 31–51.
Brent, Allen 1995, *Hippolytus and the Roman church in the third century: Communities in tension before emergence of a monarch bishop* (SVigChr 31), Leiden: Brill.
Bricault, Laurent 2005, „Présence Isiaque dans le Monnayage Impérial Romain," in Françoise Lecocq (Hg.), *L'Égypte à Rome: Actes du Colloque de Caen des 28–30 septembre 2002*, Caen: Maison de la recherche en sciences humaines de Caen. 91–108.
Bricault, Laurent 2006, *Isis, Dame des flots* (Travaux 7), Liège: Centre informatique de philosophie et lettres.

Bricault, Laurent und Versluys, Miguel John (Hgg.) 2012, *Egyptian Gods in the Hellenistic and Roman Mediterranean: Image and reality between local and global* (Supplemento a Mythos 3), Palermo: Sciascia.

Brown, Peter 1982, *Society and the holy in late antiquity*, Berkeley: University of California Press.

Brox, Norbert 1991, *Der Hirt des Hermas. Übers. und erkl. von Norbert Brox* (KAV 7), Göttingen: Vandenhoeck & Ruprecht.

Brubaker, Rogers 2004, *Ethnicity without Groups*, Cambridge: Harvard University Press.

Burkert, Walter 2011, *Griechische Religion der archaischen und klassischen Epoche* (2. überarb. u. erw. Aufl., Die Religionen der Menschheit 15), Stuttgart: Kohlhammer.

Burrus, Virginia et al. 2006, „Boyarin's work: A critical assessment," *Henoch: Studies in Judaism and Christianity from second temple to late antiquity* 28 (1). 7–30.

Cairns, Ed et al. 2006, „The role of in-group identification, religious group membership and intergroup conflict in moderating in-group and out-group affect," *British Journal of Social Psychology* 45. 701–16.

Cameron, Averil 1991, *Christianity and the Rhetoric of Empire: The Development of Christian Discourse* (Sather Classical Lectures 55), Berkeley: University of California Press.

Campbell, Colin 2009, „Distinguishing the Power of Agency from Agentic Power: A Note on Weber and the ‚Black Box' of Personal Agency," *Sociological Theory* 27 (4). 407–418.

Cancik, Hubert 2008, *Religionsgeschichten: Römer, Juden und Christen im römischen Reich* (hg. von Hildegard Cancik-Lindemaier, Gesammelte Aufsätze 2), Tübingen: Mohr Siebeck.

Cancik, Hubert und Hitzl, Konrad (Hgg.) 2003, *Die Praxis der Herrscherverehrung in Rom und seinen Provinzen*, Tübingen: Mohr Siebeck.

Cancik, Hubert und Rüpke, Jörg (Hgg.) 1997, *Römische Reichsreligion und Provinzialreligion*, Tübingen: Mohr.

Cancik, Hubert und Rüpke, Jörg (Hgg.) 2009, *Die Religion des Imperium Romanum. Koine und Konfrontationen*, Tübingen: Mohr Siebeck.

Carrette, Jeremy 2007, *Religion and Critical Psychology: Religious Experience in the Knowledge Economy*, London: Routledge.

Casanova, Jose 2013, „Religious Associations, Religious Innovations and Denominational Identities in Contemporary Cities," in Irene Becci, Marian Burchardt und Jose Casanova (Hgg.), *Topographies of Faith: Religion in Urban Spaces*, Leiden: Brill. 113–127.

Casiday, Augustine und Norris, Frederick W. (Hgg.) 2007, *Cambridge history of Christianity 2: Constantine to c. 600*, Cambridge: Cambridge University Press.

Certeau, Michel de 2007, *Arts de faire* (neu hg. v. Luce Giard), Paris: Gallimard.

Chaniotis, Angelos 2013, „Processions in Hellenistic cities: Contemporary discourses and ritual dynamics," in Richard Alston, Onno M. Van Nijf und Christina G. Williamson (Hgg.), *Cults, Creeds and Identities in the Greek City after the Classical Age* (Groningen-Royal Holloway Studies on the Greek City after the Classical Age 3), Leuven et al.: Peeters. 21–48.

Clauss, Manfred 1999, *Kaiser und Gott: Herrscherkult im römischen Reich*, Stuttgart: Teubner.

Cohn, Naftali S. 2013, *The memory of the temple and the making of the Rabbis* (Divinations), Philadelphia: University of Pennsylvania Press.

Cooley, Alison 2015, „Multiple Meanings in the Sanctuary of the Magna Mater at Ostia," *Religion in the Roman Empire* 1 (2). 242–622.

Corbier, Mireille 1989, „The Ambiguous Status of Meat in Ancient Rome," *Food and Foodways* 3 (3). 223–264.

Cotton, Hannah 1993, „The Guardianship of Jesus Son of Babatha: Roman and Local Law in the Province of Arabia," *JRS 83*. 94–108.
Cotton, Hannah 1999, „Die Papyrusdokumente aus der judäischen Wüste und ihr Beitrag zur Erforschung der jüdischen Geschichte des 1. und 2. Jhs. n.Chr.," *ZDPV 115* (2). 228–247.
Cotton, Hannah 2009, *From Hellenism to Islam: Cultural and Linguistic Change in the Roman Near East*, Cambridge: Cambridge University Press.
Cunliffe, Barry und Osborne, Robin (Hgg.) 2005, *Mediterranean Urbanization 800–600 BC* (PBA 126), Oxford: Oxford University Press.
Degelmann, Christoph 2017, *Squalor: Symbolisches Trauern in der politischen Kommunikation der römischen Republik und frühen Kaiserzeit* (Potsdamer altertumswissenschaftliche Beiträge 61), Stuttgart: Steiner.
DePalma Digeser, Elizabeth 2006, „Christian or Hellene? The Great Persecution and the Problem of Identity," in Robert M. Frakes und Elizabeth DePalma Digeser (Hgg.), *Religious Identity in Late Antiquity*, Toronto: Edgar Kent. 36–57.
Dépelteau, François 2008, „Relational Thinking: A Critique of Co-Deterministic Theories of Structure and Agency," *Sociological Theory 26* (1). 51–73.
Dillon, John Noël 2012, *The justice of Constantine: Law, communication, and control* (Law and society in the ancient world), Ann Arbor, Mich.: University of Michigan Press.
Dow, Sterling und Healey, Robert F. 1965, *A Sacred Calendar of Eleusis* (HThS 21), Cambridge, Mass.: Harvard University Press.
Dräger, Olaf 1994, *Religionem significare: Studien zu reich verzierten römischen Altären und Basen aus Marmor* (MDAI.R Ergänzungsheft 33), Mainz: Zabern.
Eckstein, Arthur M. 2006, *Mediterranean Anarchy, Interstate War, and the Rise of Rome*, Berkeley University of California Press.
Edmonds, Radcliffe G. 2009, „Who Are You?: Mythic Narrative and Identity in the ‚Orphic' Gold Tablets," in Giovanni Casadio und Patricia A. Johnston (Hgg.), *Mystic Cults in Magna Graecia*, Austin: University of Texas Press. 73–94.
Edrei, Arye und Mendels, Doron 2007, „A Split Jewish Diaspora: Its Dramatic Consequences," *JSPE 16* (2). 91–137.
Edrei, Arye und Mendels, Doron 2008, „A Split Jewish Diaspora: Its Dramatic Consequences II," *JSPE 17* (3). 163–187.
Egelhaaf-Gaiser, Ulrike und Schäfer, Alfred (Hgg.) 2002, *Religiöse Vereine in der römischen Antike: Untersuchungen zu Organisation, Ritual und Raumordnung* (STAC 13), Tübingen: Mohr Siebeck.
Eliasoph, Nina und Lichterman, Paul 2003, „Culture in Interaction," *AJS 108* (4). 735–794.
Elsner, Jás 1998, *Imperial Rome and Christian Triumph: The Art of the Roman Empire AD 100–450*, Oxford, New York: Oxford University Press.
Emirbayer, Mustafa und Mische, Ann 1998, „What is Agency?," *AJS 103* (4). 962–1023.
Eshleman, Kendra 2012, *The social world of intellectuals in the Roman Empire: Sophists, philosophers, and Christians* (Greek culture in the Roman world), Cambridge: Cambridge University Press.
Estienne, Sylvia 2011, „Les dieux á table: lectisternes romains et représentation divine," in Vinciane Pirenne-Delforge und Francesca Prescendi (Hgg.), *„Nourrir les dieux?" Sacrifice et représentation du divin*, Liége: Centre Internationale d'Étude de la Religion Grecque Antique. 443–457.

Estienne, Sylvia 2014, „Aurea pompa venit: Présences divines dans les processions romaines," in Sylvia Estienne et al. (Hgg.), *Figures de dieux: Construire le divin en images*, Rennes: Presses universitaires de Rennes. 337–349.

Estienne, Sylvia 2016, „‚Statues parlantes' et voix divines dans le monde romain," in Caroline Michel d'Annoville und Yann Rivière (Hgg.), *Faire parler et faire taire les statues: de l'invention de l'écriture à l'usage de l'explosif* (Collection de l'École Francaise de Rome 520). 215–244.

Faraone, Christopher A. 2011, „Rushing into milk: New perspectives on the gold tablets ," in Radcliffe G. Edmonds (Hg.), *The ‚Orphic' Gold Tablets and Greek Religion: Further Along the Path*, Cambridge et al.: Cambridge University Press. 308–309.

Faraone, Christopher A. 2018, *The transformation of Greek amulets in Roman imperial times* (Empire and after), Philadelphia: University of Pennsylvania Press.

Feinberg, Matthew, Willer, Robb und Schultz, Michael 2014, „Gossip and ostracism promote cooperation in groups," *Psychol Sci 25* (3). 656–664.

Ferri, Giorgio 2010, *Tutela urbis: Il significato e la concezione della divinità tutelare cittadina nella religione romana* (Potsdamer altertumswissenschaftliche Beiträge 32), Stuttgart: Steiner.

Fink, Robert O. 1971, *Roman Military Records on Papyrus* (Philological Monographs of the American Philological Association 26), Cleveland, Oh.: American Philological Association.

Fisher, Greg 2015, *Arabs and Empires before Islam*, New York: Oxford University Press.

Fishwick, Duncan 1987, *The Imperial Cult in the Latin West: Studies in the Ruler Cult of the Western Provinces of the Roman empire 1,1–2* (EPRO 108), Leiden: Brill.

Fishwick, Duncan 2002, *The Imperial Cult in the Latin West: Studies in the Ruler Cult of the Western Provinces of the Roman Empire 3,1* (RGRW 145), Leiden: Brill.

Flint, Valerie et al. (Hgg.) 1999, *The Athlone History of Witchcraft and magic in Europe 2: Ancient Greece and Rome*, London: Athlone.

Foss, Pedar 1997, „Domestic space in the Roman world: Pompeii and beyond," *JRArS 22*. 196–240.

Fowden, Garth 1993, *Empire to Commonwealth: Consequences of Monotheism in Late Antiquity*, Princeton, NJ: Princeton University Press.

Fowden, Garth 2013, *Before and after Muhammad: The first millennium refocused*, Princeton, NJ: Princeton University Press.

Frankfurter, David 1998, *Religion in Roman Egypt: Assimilation and Resistance*, Princeton, NJ: Princeton University Press.

Fredriksen, Paula 2003, „What ‚Parting of the Ways'? Jews, Gentiles, and the Ancient Mediterranean City," in Annette Yoshiko Reed und Adam Becker (Hgg.), *The Ways that Never Parted: Jews and Christians in Late Antiquity and the Early Middle Ages* (TSAJ 95), Tübingen: Mohr Siebeck. 35–63.

Frenkel, Luise Marion 2016, „Individual Christian Voices in the Narratives of Late Antique Acclamations," *Religion in the Roman empire 2* (2). 196–226.

Frey, Jörg 2006, „The Relevance of the Roman Imperial Cult for the Book of Revelation: Exegetical and Hermeneutical Reflections on the Visionary Main Part of the Book," in John Fotopoulos (Hg.), *The New Testament and Early Christian Literature in Greco-Roman Context: Studies in Honor of David E. Aune* (NovTSup 122), Leiden Boston: Brill. 231–255.

Frey, Jörg 2012, „Temple and Identity in Early Christianity and in the Johannine Community: Reflections on the ‚Parting of the Ways,'" in Daniel R. Schwartz und Zeev Weiss (Hgg.),

Was 70 CE a Watershed in Jewish History? On Jews and Judaism before and after the Destruction of the Second Temple (AGJU 78), Leiden: Brill. 447–507.

Fuchs, Martin 2015, „Processes of Religious Individualization: Stocktaking and Issues for the Future," *Religion 45* (3). 330–343.

Fuchs, Martin und Rüpke, Jörg 2015a, „Religion: Versuch einer Begriffsbestimmung," in Christoph Bultmann and Antje Linkenbach (Hgg.), *Religionen übersetzen: Klischees und Vorurteile im Religionsdiskurs* (Vorlesungen des Interdisziplinären Forums Religion der Universität Erfurt 11), Münster: Aschendorff. 17–22.

Fuchs, Martin und Rüpke, Jörg 2015b, „Religious Individualization in Historical Perspective," *Religion 45* (3). 323–329.

Fuchs, Martin et al. (Hgg.) [2019], *Religious Individualisations: Comparative Perspectives*, Berlin: de Gruyter.

Fulminante, Francesca 2014, *The urbanisation of Rome and Latium Vetus: From the Bronze Age to the Archaic Era*, Cambridge: Cambridge University Press.

Galinsky, Karl 2007, „Continuity and Change: Religion in the Augustan Semi-Century," in Jörg Rüpke (Hg.), *A companion to the Roman Religion*, Malden, Mass.: Blackwell. 71–82.

Gasparini, Valentino 2013, „Staging Religion: Cultic Performances in (and around) the Temple of Isis in Pompeii," in Nicola Cusamano et al. (Hgg.), *Memory and Religious Experience in the Graeco-Roman World* (Potsdamer altertumswissenschaftliche Beiträge 45), Stuttgart: Steiner. 185–212.

Gasparini, Valentino 2016, „,I will not be thirsty. My lips will not be dry': Individual Strategies of Re-constructing the Afterlife in the Isiac Cults," in Katharina Waldner, Richard Gordon und Wolfgang Spickermann (Hgg.), *Burial Rituals, Ideas of Afterlife, and the Individual in the Hellenistic World and the Roman Empire* (Potsdamer altertumswissenschaftliche Beiträge 57), Stuttgart: Steiner. 125–150.

Girardet, Klaus M. 1983, *Die Ordnung der Welt: Ein Beitrag zur philosophischen und politischen Interpretation von Ciceros Schrift de legibus* (Historia Einzelschriften 42), Wiesbaden: Steiner.

Gladigow, Burkhard 1975, „Götternamen und Name Gottes: Allgemeine religionswissenschaftliche Aspekte," in Heinrich von Stietencron (Hg.), *Der Name Gottes*, Düsseldorf: Patmos. 13–32.

Goodman, Martin 2003, „Modeling the ,Parting of the Ways,'" in Adam Becker und Annette Yoshiko Reed (Hgg.), *The Ways that Never Parted: Jews and Christians in Late Antiquity and the Early Middle Ages* (TSAJ 95), Tübingen: Mohr Siebeck. 119–129.

Gordon, Richard 1988, „Authority, Salvation and Mystery in the Mysteries of Mithras," in Richard Gordon, Susan Walker und Paul Zanker (Hgg.), *Image and Mystery in the Roman World*, Gloucester: Sutton. 45–80, 11 Taf.

Gordon, Richard 2009, „The Roman Army and the Cult of Mithras: A critical view," in Catherine Wolff und Yan LeBohec (Hgg.), *L'armée romaine et la religion sous le Haut-Empire romain*, Paris: CEROR. 397–450.

Gordon, Richard 2011, „Ritual and Hierarchy in the Mysteries of Mithras," in John A. North und Simon R.F. Price (Hgg.), *The Religious History of the Roman Empire. Pagans, Jews, and Christians*, Oxford: Oxford University Press. 325–365.

Gordon, Richard 2012, „Mithras," *RAC 24.* 964–1009.

Gordon, Richard 2013a, „Cosmology, Astrology, and Magic: Discourse, Schemes, Power, and Literacy," in Laurent Bricault and Corinne Bonnet (Hgg.), *Panthée: Religious Transformations in the Graeco-Roman Empire* (RGRW 177), Leiden: Brill. 85–111.

Gordon, Richard 2013b, „The Religious Anthropology of Late-Antique ‚High' Magical Practice," in Jörg Rüpke (Hg.), *The Individual in the Religions of the Ancient Mediterranean*, Oxford: Oxford University Press. 163–186.

Gordon, Richard 2013c, „Individuality, Selfhood and Power in the Second Century: The Mystagogue as a Mediator of Religious Options," in Jörg Rüpke und Greg Woolf (Hgg.), *Religious Dimensions of the Self in the Second Century CE* (STAC 76), Tübingen: Mohr Siebeck. 146–171.

Gordon, Richard 2014a, „Charaktêres Between Antiquity and Renaissance: Transmission and Re-Invention," in Véronique Dasen und Jean-Michel Spieser (Hgg.), *Les savoirs magiques et leur transmission de l'Antiquité à la Renaissance* (MicLib 60), Florenz: Sismel. 253–300.

Gordon, Richard 2014b, „Coming to Terms with the ‚Oriental Religions of the Roman Empire,'" *Numen* 61. 657–672.

Gordon, Richard 2015, „Showing the Gods the Way: Curse-tablets as Deictic Persuasion," *RRE* 1 (2). 148–180.

Gordon, Richard 2016a, „‚Den Jungstier auf den goldenen Schultern tragen': Mythos, Ritual und Jenseitsvorstellungen im Mithraskult," in Katharina Waldner, Richard Gordon und Wolfgang Spickermann (Hgg.), *Burial Rituals, Ideas of Afterlife, and the Individual in the Hellenistic World and the Roman Empire* (Potsdamer altertumswissenschaftliche Beiträge 57), Stuttgart: Steiner. 207–240.

Gordon, Richard 2016b, „Negotiating the Temple-Script: Women's Narratives among the Mysian-Lydian ‚Confession-Texts,'" *Religion in the Roman Empire* 2 (2). 227–255.

Gordon, Richard 2017a, „From East to West: Staging Religious Experience in the Mithraic Temple," in Svenja Nagel, Joachim Friedrich Quack und Christian Witschel (Hgg.), *Entangled Worlds: Religious Confluences Between East and West in the Roman Empire* (ORA 22), Tübingen: Mohr Siebeck. 413–42.

Gordon, Richard 2017b, „Projects, performance and charisma: Managing small religious groups in the Roman Empire," in Richard Gordon, Georgia Petridou und Jörg Rüpke (Hgg.), *Beyond Priesthood: Religious Entrepreneurs and Innovators in the Roman Empire* (RVV 66), Berlin: de Gruyter. 277–315.

Gordon, Richard, Petridou, Georgia und Rüpke, Jörg 2017, „Introduction," in Richard Gordon, Georgia Petridou und Jörg Rüpke (Hgg.), *Beyond Priesthood: Religious Entrepreneurs and Innovators in the Roman Empire* (RVV 66), Berlin: de Gruyter. 5–11.

Graf, Fritz und Johnston, Sarah Iles (Hgg.) 2007, *Ritual texts for the afterlife: Orpheus and the Bacchic Gold Tablets*, London: Routledge.

Haensch, Rudolf 1997, *Capita provinciarum: Statthaltersitze und Provinzialverwaltung in der römischen Kaiserzeit* (Kölner Forschungen 7), Mainz: Zabern.

Haensch, Rudolf 2006, „‚Religion' und Kulte im juristischen Schrifttum und in rechtsverbindlichen Verlautbarungen der Hohen Kaiserzeit," in Dorothee Elm von der Osten, Jörg Rüpke und Katharina Waldner (Hgg.), *Texte als Medium und Reflexion von Religion im römischen Reich* (Potsdamer Altertumswissenschaftliche Beiträge 14), Stuttgart: Steiner. 233–247.

Haensch, Rudolf 2007, „Inscriptions as Sources of Knowledge for Religions and Cults in the Roman World of Imperial Times," in Jörg Rüpke (Hg.), *A Companion to Roman Religion*, Oxford: Blackwell. 176–187.

Haensch, Rudolf 2013, „Von Poppaea zu Pulcheria: Das Bemühen um göttlichen Beistand bei der Geburt eines kaiserlichen Nachfolgers," *ARCTOS* 47. 131–151.

Hahn, Johannes (Hg.) 2011, *Spätantiker Staat und religiöser Konflikt: Imperiale und lokale Verwaltung und die Gewalt gegen Heiligtümer* (Millennium-Studien 34), Berlin: de Gruyter.
Hall, David D. 1997, „Introduction," in David D. Hall (Hg.), *Lived Religion in America: Toward a History of Practice.* Princeton: Princeton University Press. VII–XIII.
Harland, Philip A. 2005, „Familial Dimension of Group Identity: ‚Brothers' in Associations of the Greek East," *JBL 124* (3). 491–513.
Harland, Philip A. 2014, *Greco-Roman Associations: Texts, Translations, and Commentary. II. North Coast of the Black Sea, Asia Minor* (BZNW 204), Berlin/Boston: de Gruyter.
Haynes, Ian 1997, „Religion in the Roman Army: Unifying aspects and regional trends," in Hubert Cancik und Jörg Rüpke (Hgg.), *Römische Reichsreligion und Provinzialreligion*, Tübingen: Mohr Siebeck. 113–126.
Haynes, Ian 2013, *Blood of the provinces: The Roman auxilia and the making of provincial society from Augustus to the Severans*, Oxford: Oxford University Press.
Heintz, Michael 2011, „Martyrdom from Exegesis in Hippolytus: An Early Church Presbyters Commentary on Daniel," *RelSRev 37* (2). 139–140.
Herz, Peter 1975, *Untersuchungen zum Festkalender der römischen Kaiserzeit nach datierten Weih- und Ehreninschriften*, Mainz: Diss.
Herz, Peter 2003, „Neue Forschungen zum Festkalender der römischen Kaiserzeit," in Hubert Cancik und Konrad Hitzl (Hgg.), *Die Praxis des Herrscherkults*, Tübingen: Mohr Siebeck. 47–67.
Herz, Peter 2005, „Caesar and God: Recent publications on Roman imperial cult," *JRAr 18*. 638–648.
Hodder, Ian 2011, „Human-thing entanglement: Towards an integrated archaeological perspective," *The Journal of the Royal Anthropological Institute 17* (1). 154–177.
Hodder, Ian 2012, *Entangled: An archaeology of the relationships between humans and things*, Malden, Ma.: Wiley-Blackwell.
Horden, Peregrine und Purcell, Nicholas 2000, *The Corrupting Sea: A Study of Mediterranean History*, Oxford: Blackwell.
Horden, Peregrine und Purcell, Nicholas 2005, „Four Years of Corruption: A Response to Critics," in William Vernon Harris (Hg.), *Rethinking the Mediterranean*, Oxford: Oxford University Press. 348–375.
Howe, Stephen 2002, *Empire. A very short introduction*, Oxford: Oxford University Press.
Hurlet, Frédéric 2011, „(Re)penser l'Empire romain. Le défi de la comparaison historique," *DHA.S 5*. 107–140.
Irby-Massie, Georgia L. 1999, *Military religion in Roman Britain* (Mn.S 199), Leiden: Brill.
Iricinschi, Eduard und Zellentin, Holger M. 2008, *Heresy and identity in late antiquity* (TSAJ 119), Tübingen: Mohr Siebeck.
Isaac, Benjamin 1998, *The Near East Under Roman Rule: Selected Papers*, Leiden: Brill.
Jaccottet, Anne-Francoise 2011, „Integrierte Andersartigkeit: Die Rolle der dionysischen Vereine," in Renate Schlesier (Hg.), *A Different God? Dionysos and Ancient Polytheism*, Berlin: de Gruyter. 413–431.
Jacobs, Andrew 2012, *Christ Circumcised: A Study in Early Christian History and Difference* (Divinations), Philadelphia: University of Pennsylvania Press.
Jacobs, Ine 2014, „Temples and civic representation in the theodosian period," in Stine Birk, Troels Myrup Kristensen und Birte Poulsen (Hgg.), *Using images in late Antiquity*, Oxford: Oxbow Books. 132–149.

Johnson, William A. 2010, *Readers and Reading Culture in the High Roman Empire: A Study of Elite Communities*, Oxford: Oxford University Press.

Jones, Christopher P. 1998, „Aelius Aristides and the Asklepieion," in Helmut Koester (Hg.), *Pergamon – Citadel of the gods: Archeological record, literary description, and religious development*, Harrisburg, Pa.: Trinity Press International. 63–76.

Jung, Matthias 1999, *Erfahrung und Religion: Grundzüge einer hermeneutisch-pragmatischen Religionsphilosophie*, Freiburg i. Br.: Alber.

Jung, Matthias 2006, „Making life explicit: The Symbolic Pregnance of Religious Experience," *STK 82*. 16–23.

Kearns, Emily 2011, „The rationale of cakes and bloodless offerings in Greek sacrifice," in Vinciane Pirenne-Delforge und Francesca Prescendi (Hgg.), *„Nourrir les dieux?" Sacrifice et représentation du divin*, Liége: Centre Internationale d'Étude de la Religion Grecque Antique. 89–103.

Keresztes, Paul 1989, *Imperial Rome and the Christians 1: From Herod the Great to about 200 A. D.*, Lanham, Md.: University Press of America.

Khatchadourian, Lori 2016, *Imperial Matter: Ancient Persia and the Archaeology of Empires*, Oakland, Ca.: University of California Press.

King, Karen L. 2008, „Social and Theological Effects of Heresiological Discourse," in Eduard Iricinschi und Holger M. Zellentin (Hgg.), *Heresy and identity in late antiquity* (TSAJ 119), Tübingen: Mohr Siebeck. 28–49.

Kloppenborg, John S. 2006, „Associations in the Ancient World," in Amy-Jill Levine, Dale C. Jr. Allison und John Dominic Crossan (Hgg.), *The Historical Jesus in Context* (Princeton readings in religions 12), Princton: Princeton University Press. 323–338.

Kloppenborg, John S. und Wilson, Stephen G. (Hgg.) 1996, *Voluntary Associations in the Graeco-Roman World*, London: Routledge.

Kuiper, Kornelis 1900, „De Ezechiele poeta Iudaeo," *Mn.NS 28*. 237–280.

Lacam, Jean-Claude 2008, „Le sacrifice du chien dans les communautés grecques, étrusques, italiques et romaines: Approche comparatiste," *MEFRA 120* (1). 29–80.

Laffi, Umberto 1967, „Le iscrizioni relative allçintroduzione nel 9 a. C. del nuovo calendario della provincia d'Asia," *SCO 16*. 5–98.

Lapin, Hayim 2012, *Rabbis as Romans: The Rabbinic Movement in Palestine, 100–400 CE*, New York: Oxford University Press.

Latham, Jacob A. 2016, *Performance, Memory, and Processions in Ancient Rome: The Pompa Circensis from the Republic to Late Antiquity*, New York, NY: Cambridge University Press.

Latour, Bruno 2005, *Reassembling the Social: An Introduction to Actor-Network-Theory*, Oxford: Oxford University Press.

Lausberg, Marion 1989, „Senecae operum fragmenta: Überblick und Forschungsbericht," *ANRW II.36* (3). 1888–1961.

Law, Danny et al. 2015, „Writing and record-keeping in early cities," in Norman Yoffee (Hg.), *The Cambridge world history 3: Early cities in comparative perspective, 4000 BCE–1200 CE*, Cambridge: Cambridge University Press. 207–225.

Leighton, Robert 2013, „Urbanization in southern Etruria from the 10th to the 6th century BC: The origins and growth of major centres," in Jean MacIntosh Turfa (Hg.), *The Etruscan World*, London: Routledge. 134–150.

Lenski, Noel Emmanuel 2016, *Constantine and the cities: Imperial authority and civic politics* (Empire and after), Philadelphia: University of Pennsylvania Press.

Leppin, Hartmut 2018, *Die frühen Christen: Von den Anfängen bis Konstantin*, München: Beck.

Leutzsch, Martin 1989, *Die Wahrnehmung sozialer Wirklichkeit im „Hirten des Hermas"* (FRLANT 150), Göttingen: Vandenhoeck & Ruprecht.

Lichterman, Paul 2009, „How religion circulates in America's local public square," in Paul Lichterman und C. Brady Potts (Hgg.), *The civic life of American religion*, Stanford: Stanford University Press. 100–122.

Lichterman, Paul et al. 2017, „Grouping Together in Lived Ancient Religion: Individual Interacting and the Formation of Groups," *Religion in the Roman Empire 3* (1). 3–10.

Liertz, Uta-Maria 1998, *Kult und Kaiser: Studien zu Kaiserkult und Kaiserverehrung in den germanischen Provinzen und in Gallia Belgica zur römischen Kaiserzeit* (AIRF 20), Rom: Instituti Romani Finlandiae.

Lieu, Judith M. 2004, *Christian identity in the Jewish and Graeco-Roman world*, Oxford et al.: Oxford University Press.

Lindsay, Wallace Martin (Hg.) 1913, *Sexti Pompei Festi De verborum significatu quae supersunt cum Pauli epitome*, Leipzig: Teubner.

Liu, Kwang-Ching und Shek, Richard (Hgg.) 2004, *Heterodoxy in Late Imperial China*, Honolulu: University of Hawaii Press.

Lobüscher, Thomas 2002, *Tempel- und Theaterbau in den tres Galliae und den germanischen Provinzen: Ausgewählte Aspekte* (Kölner Studien zur Archäologie der römischen Provinzen 6), Rahden: Leidorf.

Loewe, Michael 1994, *Divination, mythology and monarchy in Han China* (University of Cambridge Oriental Publications 48), Cambridge: Cambridge University Press.

Maier, Harry O. 2015, „From Material Place to Imagined Space: Emergent Christian Community as Thirdspace in the Shepherd of Hermas," in Mark R. C. Grundeken und Joseph Verheyden (Hgg.), *Early Christian Communities between Ideal and Reality* (WUNT 342), Tübingen: Mohr Siebeck. 143–160.

Markschies, Christoph 2007, *Kaiserzeitliche christliche Theologie und ihre Institutionen. Prolegomena zu einer Geschichte der antiken christlichen Theologie*, Tübingen: Mohr Siebeck.

Markschies, Christoph 2012, *Hellenisierung des Christentums: Sinn und Unsinn einer historischen Deutungskategorie* (ThLZ.F 25), Leipzig: Evangelische Verlagsanstalt.

Mauss, Marcel 1925, „Essai sur le don," *Année sociologique 1*. 30–186.

McGuire, Meredith B. 2008, *Lived Religion: Faith and Practice in Everyday Life*, Oxford: Oxford University Press.

Meyer, Birgit 2008, „Media and the senses in the making of religious experience: An introduction," *Material Religion 4*. 124–135.

Mieth, Dietmar und Müller-Schauenburg, Britta (Hgg.) 2012, *Mystik, Recht und Freiheit: Religiöse Erfahrung und kirchliche Institutionen im Spätmittelalter*, Stuttgart: Kohlhammer.

Millar, Fergus 2006, *A Greek Roman empire. Power and belief under Theodosius II (408–450)* (Sather classical lectures 64), Berkeley, Ca. et al.: University. of California Press.

Mitchell, Margaret Mary und Young, Frances Margaret (Hgg.) 2006, *Cambridge history of Christianity 1: Origins to Constantine*, Cambridge: Cambridge University Press.

Mol, Eva 2012, „The Perception of Egypt in Networks of Being and Becoming: A Thing Theory Approach to Egyptianising Objects in Roman Domestic Contexts," in Annabel Bokern et al. (Hgg.), *TRAC 2012: Proceedings of the Twenty-Second Annual Theoretical Roman Archaeology Conference*, Oxford: Oxbow. 117–131.

Moore, Adam 2011, „The Eventfulness of Social Reprodcution," *Sociological Theory 29* (4). 294–314.
Morgan, David 2011, „Mediation or mediatisation: The History of media in the study of religion," *CRel 12* (2). 137–152.
Neuberg, Steven L. et al. 2014, „Religion and intergroup conflict: Findings from the Global Group Relations Project," *Psychological Science 25* (1). 198–206.
Nigdelis, Pantelis M. 2010, „Voluntary Associations in Roman Thessalonike: In Search of Identity and Support in a Cosmopolitan Society," in Laura Salah Nasrallah, Charalampos N. Bakirtzis und Steven J. Friesen (Hgg.), *From Roman to Early Christian Thessalonike: Studies in Religion and Archaeology*, Cambridge, Mass.: Harvard University Press. 1–47.
Noy, David 2000, *Foreigners at Rome: Citizens and strangers*, London: Duckworth.
Orlin, Eric M. 2010, *Foreign Cults in Rome: Creating a Roman Empire*, Oxford: Oxford University Press.
Orsi, Robert A. 1997, „Everyday Miracles: The Study of Lived Religion," in David D. Hall (Hg.), *Lived Religion in America: Toward a History of Practice*, Princeton: Princeton University Press. 3–21.
Orsi, Robert A. 1999, *Gods of the city: Religion and the American urban landscape* (Religion in North America), Bloomington, Ind.: Indiana University Press.
Orsi, Robert A. 2010, *The Madonna of 115th Street. Faith and Community in Italian Harlem, 1880–1950* (3. Aufl.), New Haven et al.: Yale University Press.
Osiek, Carolyn 1999, *Shepherd of Hermas: A Commentary* (Hermeneia 83), Minneapolis: Fortress Press.
Otto, Bernd-Christian, Rau, Susanne und Rüpke, Jörg (Hgg.) 2015, *History and Religion: Narrating a Religious Past* (RVV 68), Berlin: de Gruyter.
Parker, Robert 1987, „Festivals of the Attic Demes," in Tullia Linders (Hg.), *Gifts to the gods: Proceedings of the Uppsala Symposium 1985* (AUU 15), Stockholm: Almqvist&Wiksell. 137–147.
Peirce, Charles S. 1991. *Peirce on signs: Writings on semiotic*. Chapel Hill, NC: University of North Carolina Press.
Perkins, Judith 2009, *Roman imperial identities in the early Christian era* (Routledge Monographs in Classical Studies), London et al.: Routledge.
Petridou, Georgia 2014, „Asclepius the Divine Healer, Asclepius the Divine Physician: Epiphanies as Diagnostic and Therapeutic Tools," in Demetrios Michaelides (Hg.), *Medicine and healing in the ancient Mediterranean world*, Oxford: Oxbow. 297–307.
Petridou, Georgia 2015, „Emplotting the Divine: Epiphanic Narratives as Means of Enhancing Agency," *Religion in the Roman Empire 1* (3). 321–42.
Petridou, Georgia 2017, „Contesting religious and medical expertise: The therapeutai of Pergamum as religious and medical entrepreneurs," in Richard Gordon, Georgia Petridou und Jörg Rüpke (Hgg.), *Beyond Priesthood: Religious Entrepreneurs and Innovators in the Roman Empire* (RVV 66), Berlin: de Gruyter. 185–214.
Petropoulou, Maria-Zoe 2008, *Animal sacrifice in ancient Greek religion, Judaism, and Christianity, 100 BC to AD 200* (OCM), Oxford: Oxford University Press.
Petsalis-Diomidis, Alexia 2006, „Sacred Writing, Sacred Reading: The Function of Aelius Aristides' Self-Presentation as Author in the Sacred Tales," in Brian McGing und Judith Mossman (Hgg.), *The Limits of Ancient Biography*, Swansea: The Classical Press of Wales. 193–211.

Petsalis-Diomidis, Alexia 2007, „Landscape, transformation, and divine epiphany," in Simon Swain, Stephen Harrison und Jaś Elsner (Hgg.), *Severan culture*, Cambridge: Cambridge University Press. 250–289.

Piano, Valeria 2016, *Il Papiro di Derveni tra religione e filosofia*, Firenze: Olschki.

Piétri, Charles und Piétri, Luce (Hgg.) 1996, *Die Geschichte des Christentums – Religion, Politik, Kultur 2: Das Entstehen der einen Christenheit (250–430)*, Dt. Ausgabe bearb. von Thomas Böhm, Freiburg i. Br. et al.: Herder.

Pietri, Luce (Hgg.) 2003, *Die Geschichte des Christentums – Religion, Politik, Kultur 1: Die Zeit des Anfangs (bis 250)*, Dt. Ausgabe bearb. von Thomas Böhm Freiburg i. Br. et al.: Herder.

Platt, Verity 2011, *Facing the Gods: Epiphany and the Representation in Graeco-Roman Art, Literature and Religion*, Cambridge: Cambridge University Press.

Pohl, Walter 2012, *Visions of Community in the Post-Roman World: The West, Byzantium and the Islamic World, 300–1100*, Farnham: Ashgate.

Popescu, Mihai 2004, *La religion dans l'armée romaine de Dacie*, Bucarest: Éditions de l'Académie roumaine.

Prayon, Friedhelm 2004, „Überlegungen zur Monumentalität frühetruskischer Plastik und Architektur," in Mirko Novák, Friedhelm Prayon und Anne-Maria Wittke (Hgg.), *Die Außenwirkung des späthethitischen Kulturraumes: Güteraustausch – Kulturkontakt – Kulturtransfer*, Münster: Ugarit-Verlag. 85–105.

Price, Simon R. F. 1980, „Between Man und God: Sacrifice in the Roman Imperial Cult," *JRS 70*. 28–43.

Price, Simon R. F. 1984, *Rituals und Power: The Roman imperial cult in Asia Minor*, Cambridge: Cambridge University Press.

Proudfoot, Wayne 1985, *Religious experience*, Berkeley et al., Ca.: University of California Press.

Radke-Uhlmann, Gyburg 2008, „Aitiologien des Selbst: Moderne Konzepte und ihre Alternativen in antiken autobiographischen Texten," in Alexander Arweiler und Melanie Möller (Hgg.), *Vom Selbst-Verständnis in Antike und Neuzeit: Notions of the Self in Antiquity und Beyond* (Transformationen der Antike 8), Berlin: de Gruyter. 107–129.

Raja, Rubina und Weiss, Lara 2015a, „The Role of Objects: Meaning, Situations and Interaction," *Religion in the Roman Empire 1* (2). 137–147.

Raja, Rubina und Weiss, Lara 2015b, *The Role of Objects: Creating Meaning in Situations* (Religion in the Roman Empire), Tübingen: Mohr Siebeck.

Raja, Rubina und Rüpke, Jörg 2015a, „Appropriating Religion: Methodological Issues in Testing the ‚Lived Ancient Religion' Approach," *Religion in the Roman Empire 1* (1). 11–19.

Raja, Rubina und Rüpke, Jörg (Hgg.) 2015b, *A Companion to the Archaeology of Religion in the Ancient World*, Boston: Wiley-Blackwell.

Rajak, Tessa 2009, *Translation and survival: The Greek Bible of the ancient Jewish Diaspora*, Oxford: Oxford University Press.

Rawson, Elizabeth 1991, „The Interpretation of Cicero's De legibus," in Elizabeth Rawson (Hg.), *Roman Culture and Society: Collected Papers*, Oxford: Clarendon. 324–351.

Rebillard, Éric 2012, *Christians and their many identities in late antiquity, North Africa, 200–450 CE*, Ithaca: Cornell University Press.

Rebillard, Éric 2015, „Material Culture and Religious Identity in Late Antiquity," in Rubina Raja und Jörg Rüpke (Hgg.), *A Companion to the Archaeology of Religion in the Ancient World*, Malden: Wiley. 427–436.

Rebillard, Éric 2017, „Expressing Christianness in Carthage in the Second and Third Centuries," *Religion in the Roman Empire 3* (1). 119–134.
Rebillard, Éric und Rüpke, Jörg 2015a, „Introduction: Groups, Individuals, and Religious Identity," in Éric Rebillard und Jörg Rüpke (Hgg.), *Group Identity and Religious Individuality in Late Antiquity* (CUA Studies in Early Christianity), Washington, DC: Catholic University of America Press. 3–12.
Rebillard, Éric und Rüpke, Jörg (Hgg.) 2015b, *Group Identity and Religious Individuality in Late Antiquity* (CUA Studies in Early Christianity), Washington, DC: Catholic University of America Press.
Reed, Annette Yoshiko 2003, „'Jewish Christianity' after the 'Parting of the Ways:' Approaches to Historiography and Self-Definition in the Pseudo-Clementines," in Adam Becker und Annette Yoshiko Reed (Hgg.), *The Ways that Never Parted: Jews and Christians in Late Antiquity and the Early Middle Ages* (TSAJ 95), Tübingen: Mohr Siebeck. 189–231.
Rehberg, Karl-Siegbert 2004, „Präsenzmagie und Zeichenhaftigkeit. Institutionelle Formen der Symbolisierung," in Gerd Althoff (Hg.), *Zeichen – Rituale – Werte: Internationales Kolloquium des Sonderforschungsbereichs 496 an der Westfälischen Wilhelms-Universität Münster*, Münster: Rhema-Verlag.
Reichardt, Klaus Dieter 1978, „Die Judengesetzgebung im Codex Theodosianus," *Kairos 20*. 16–39.
Ricken, Friedo (Hg.) 2004, *Religiöse Erfahrung: Ein interdisziplinärer Klärungsversuch* (MPhS N.F. 23), Stuttgart: Kohlhammer.
Rieger, Anna-Katharina 2016, „Waste matters: Life cycle and agency of pottery employed in Graeco-Roman sacred spaces," *Religion in the Roman Empire 2* (3). 307–339.
Rives, James B. 2011, „Magic in Roman Law: The Reconstruction of a Crime," in John A. North und Simon R.F. Price (Hgg.), *The Religious History of the Roman Empire: Pagans, Jews, and Christians.*, Oxford: Oxford University Press. 71–108.
Robertson, Noel 2010, *Religion and Reconciliation in Greek Cities: The Sacred Laws of Selinus and Cyrene* (ACSt 54), Oxford: Oxford University Press.
Robertson, Roland und White, Kathleen E. (Hgg.) 2003, *Globalization: Critical concepts in sociology 1: Analytical perspectives*, London: Routledge.
Robertson, Roland 1992, *Globalization: Social theory and global culture* (Theory, culture & society), London: Sage.
Rosa, Hartmut 2016, *Resonanz: Eine Soziologie der Weltbeziehung*, Frankfurt a.M.: Suhrkamp.
Rosenberger, Veit 2016, „Coping with Death: Private Deification in the Roman Empire," in Katharina Waldner, Richard Gordon und Wolfgang Spickermann (Hgg.), *Burial Rituals, Ideas of Afterlife, and the Individual in the Hellenistic World and the Roman Empire* (Potsdamer altertumswissenschaftliche Beiträge 57), Stuttgart: Steiner. 109–123.
Rowan, Clare 2012, *Under Divine Auspices: Divine Ideology and the Visualisation of Imperial Power in the Severan Period*, Cambridge: Cambridge University Press.
Rüpke, Jörg 1990, *Domi militiae: Die religiöse Konstruktion des Krieges in Rom*, Stuttgart: Steiner.
Rüpke, Jörg 1995, *Kalender und Öffentlichkeit: Die Geschichte der Repräsentation und religiösen Qualifikation von Zeit in Rom* (RVV 40), Berlin: de Gruyter.
Rüpke, Jörg 1999, „Apokalyptische Salzberge: Zum sozialen Ort und zur literarischen Strategie des 'Hirten des Hermas,'" *Archiv für Religionsgeschichte 1*. 148–160.
Rüpke, Jörg 2003, „Der Hirte des Hermas: Plausibilisierungs- und Legitimierungsstrategien im Übergang von Antike und Christentum," *ZAC 8 (2)*, 276–298.

Rüpke, Jörg 2005a, „Gäste der Götter – Götter als Gäste: Zur Konstruktion des römischen Opferbanketts," in Stella Georgoudi, Renée Koch Piettre und Francis Schmidt (Hgg.), *La cuisine et l'autel: Les sacrifices en questions dans les sociétés de la Méditerranée ancienne* (BEHE 124), Turnhout: Brepols. 227–239.

Rüpke, Jörg 2005b, *Fasti Sacerdotum: Die Mitglieder der Priesterschaften und das sakrale Funktionspersonal römischer, griechischer, orientalischer und jüdisch-christlicher Kulte in der Stadt Rom von 300 v. Chr. bis 499 n. Chr*, 3 Bände (Potsdamer altertumswissenschaftliche Beiträge 12,1), Stuttgart: Steiner.

Rüpke, Jörg 2006a, *Die Religion der Römer: Eine Einführung* (2., überarb. Aufl.), München: Beck.

Rüpke, Jörg 2006b, „Triumphator and ancestor rituals between symbolic anthropology and magic," *Numen* 53. 251–289.

Rüpke, Jörg 2006c, „Patterns of Religious Changes in the Roman Empire," in Ian Henderson und Gerbern Oegema (Hgg.), *The Changing Face of Judaism, Christianity and other Greco-Roman Religions in Antiquity* (Studien zu den Jüdischen Schriften aus hellenistisch-römischer Zeit 2), Gütersloh: Gütersloher Verlagshaus. 13–33.

Rüpke, Jörg 2007a, *Gruppenreligionen im römischen Reich. Sozialformen, Grenzziehungen und Leistungen* (STAC 43), Tübingen: Mohr Siebeck.

Rüpke, Jörg 2007b, „Divination et décisions politique dans la Républicque romaine," *Cahiers du Centre Gustave-Glotz* 16. 217–233.

Rüpke, Jörg 2007c, „Medien und Verbreitungswege von Religion im römischen Reich: Thematische Einführung," *Mediterranea* 4. 27–32.

Rüpke, Jörg 2007d, „Roman Religion – Religions of Rome," in Jörg Rüpke (Hg.), *A companion to the Roman Religion*, Malden, Mass.: Blackwell. 1–9.

Rüpke, Jörg 2008, *Fasti sacerdotum. A prosopography of Pagan, Jewish, and Christian Religious officials in the city of Rome, 300 BC to AD 499*, trans. David M. B. Richardson, Oxford: Oxford University Press.

Rüpke, Jörg 2009a, „Equus October und ludi Capitolini: Zur rituellen Struktur der Oktoberiden und ihren antiken Deutungen," in Uelli Dill und Christine Walde (Hgg.), *Antike Mythen: Medien, Transformationen und Konstruktionen: FS Fritz Graf zum 65. Geburtstag*, Berlin: de Gruyter. 97–121.

Rüpke, Jörg 2009b, „Dedications accompanied by inscriptions in the Roman Empire: Functions, intentions, modes of communication," in John Bodel und Mika Kajava (Hgg.), *Dediche sacre nel mono greco-romano: Diffusione, funzioni, tipologie/Religious Dedications in the Greco-Roman World: Distribution, Typology, Use* (AIRF 35), Roma: Institutum Romanum Finlandiae. 31–41.

Rüpke, Jörg 2010a, „Radikale im öffentlichen Dienst: Status und Individualisierung unter römischen Priestern republikanischer Zeit," in Pedro Barceló (Hg.), *Religiöser Fundamentalismus in der römischen Kaiserzeit* (Potsdamer altertumswissenschaftliche Beiträge 29), Stuttgart: Steiner. 11–21.

Rüpke, Jörg 2010b, „Representation or presence? Picturing the divine in ancient Rome," *ARelG* 12. 183–196.

Rüpke, Jörg 2010c, „Religious Pluralism," in Alessandro Barchiesi und Walter Scheidel (Hgg.), *The Oxford Handbook of Roman Studies*, Oxford: Oxford University Press. 748–766.

Rüpke, Jörg 2010d, „Wann begann die europäische Religionsgeschichte? Der hellenistisch-römische Mittelmeerraum und die europäische Gegenwart," *HR* 2. 91–102.

Rüpke, Jörg 2011a, „Roman Religion and the Religion of Empire: Some Reflections on Method," in John A. North und Simon R.F. Price (Hgg.), *The Religious History of the Roman Empire: Pagans, Jews, and Christians*, Oxford: Oxford University Press. 9–36.

Rüpke, Jörg 2011b, „Reichsreligion? Überlegungen zur Religionsgeschichte des antiken Mittelmeerraums in römischer Zeit," *HZ 292*. 297–322.

Rüpke, Jörg 2011c, *Von Jupiter zu Christus: Religionsgeschichte in römischer Zeit*, Darmstadt: Wissenschaftliche Buchgesellschaft.

Rüpke, Jörg 2011d, *Aberglauben oder Individualität? Religiöse Abweichung im römischen Reich*, Tübingen: Mohr Siebeck.

Rüpke, Jörg 2011e, *The Roman Calendar from Numa to Constantine: Time, History and the Fasti*, trans. David M.B. Richardson, Malden, Ma.: Wiley-Blackwell.

Rüpke, Jörg 2012a, „Lived Ancient Religion: Questioning ‚Cults' and ‚Polis Religion,'" *Mythos 5*. 191–204.

Rüpke, Jörg 2012b, „Religion in der Antike," in Wolfgang Hameter und Sven Tost (Hgg.), *Alte Geschichte: Der Vordere Orient und der mediterrane Raum vom 4. Jahrtausend v. Chr. bis zum 7. Jahrhundert n. Chr.*, Wien: StudienVerlag. 283–300.

Rüpke, Jörg 2013a, „Religiöse Individualität," in Bärbel Kracke, René Roux und Jörg Rüpke (Hgg.), *Die Religion des Individuums* (Vorlesungen des Interdisziplinären Forums Religion 9), Münster: Aschendorff. 13–29.

Rüpke, Jörg 2013b, „New Perspectives on Ancient Divination," in Veit Rosenberger (Hg.), *Divination in the Ancient World: Religious Options and the Individual* (Potsdamer Altertumswissenschaftliche Beiträge 46), Stuttgart: Steiner. 9–19.

Rüpke, Jörg 2013c, „Introduction: Individualisation and individuation as concepts for historical research," in Jörg Rüpke (Hg.), *The Individual in the Religions of the Ancient Mediterranean*, Oxford: Oxford University Press. 3–28.

Rüpke, Jörg 2013d, „On Religious Experiences that should not Happen in Sanctuaries," in Nicola Cusamano et al. (Hgg.), *Memory and Religious Experience in the Graeco-Roman World* (Potsdamer altertumswissenschaftliche Beiträge 45), Stuttgart: Steiner. 137–144.

Rüpke, Jörg 2013e, „Heiliger und öffentlicher Raum: Römische Perspektiven auf private Religion," in Babett Edelmann-Singer und Heinrich Konen (Hgg.), *Salutationes – Beiträge zur Alten Geschichte und ihrer Diskussion: Festschrift für Peter Herz zum 65. Geburtstag* (Region im Umbruch 9), Berlin: Frank & Timme. 159–168.

Rüpke, Jörg 2013f, *The Individual in the Religions of the Ancient Mediterranean*, Oxford: Oxford University Press.

Rüpke, Jörg 2014a, *Römische Religion in republikanischer Zeit: Rationalisierung und ritueller Wandel,* Darmstadt: Wissenschaftliche Buchgesellschaft.

Rüpke, Jörg 2014b, *Superstitio: Devianza religiosa nell'Impero romano*, trans. Elisa Groff, Roma: Carocci.

Rüpke, Jörg 2014c, *From Jupiter to Christ: On the History of Religion in the Roman Imperial Period*, trans. David M. B. Richardson, Oxford: Oxford University Press.

Rüpke, Jörg 2015a, „Religious Agency, Identity, and Communication: Reflecting on History and Theory of Religion," *Religion 45* (3). 344–366.

Rüpke, Jörg 2015b, „Roles and Individuality in the Chronograph of 354," in Éric Rebillard und Jörg Rüpke (Hgg.), *Group Identity and Religous Individuality in Late Antiquity* (CUA Studies in Early Christianity), Washington, DC: Catholic University of America Press. 247–269.

Rüpke, Jörg 2015c, „Construing ‚religion' by doing historiography: The historicisation of religion in the Roman Republic," in Bernd-Christian Otto, Susanne Rau und Jörg Rüpke

(Hgg.), *History and Religion: Narrating a Religious Past* (RVV 68), Berlin: de Gruyter. 45–62.

Rüpke, Jörg 2015d, „Das Imperium Romanum als religionsgeschichtlicher Raum: Eine Skizze," in Richard Faber und Achim Lichtenberger (Hgg.), *Ein pluriverses Universum: Zivilisationen und Religionen im antiken Mittelmeerraum* (Mittelmeerstudien 7), Paderborn: Schöningh. 333–351.

Rüpke, Jörg 2015e, *Superstition ou individualité? Déviance religieuse dans l'Empire romain*, trans. Ludivine Beaurin, Bruxelles/Leuven: Latomus/Peeters.

Rüpke, Jörg 2016a, *On Roman Religion: Lived Religion and the Individual in Ancient Rome* (Townsend Lectures Series/Cornell studies in classical philology), Ithaca, NY: Cornell University Press.

Rüpke, Jörg 2016b, „Creating Groups and Individuals in Textual Practices," *Religion in the Roman Empire 2* (1). 3–9.

Rüpke, Jörg 2016c, „The Role of Texts in Processes of Religious Grouping during the Principate," *Religion in the Roman Empire 2* (2). 170–195.

Rüpke, Jörg 2016d, *Religious Deviance in the Roman World: Superstition or Individuality*, trans. David M. B. Richardson, Cambridge: Cambridge University Press.

Rüpke, Jörg 2016e, „Textgemeinschaften und die Erfindung von Toleranz in der römischen Kaiserzeit (2./3. Jh. n. Chr.)", in Martin Wallraff (Hg.), *Religiöse Toleranz. 1700 Jahre nach dem Edikt von Mailand* (Colloquium Rauricum 14), Berlin: de Gruyter. 141–157.

Rüpke, Jörg 2016f, *Pantheon: Geschichte der antiken Religionen* (Historische Bibliothek der Gerda-Henkel-Stiftung), München: Beck.

Rüpke, Jörg 2016g, „Religiöse Identität: Topographische und soziale Komponenten," in Martina Böhm (Hg.), *Kultort und Identität: Prozesse jüdischer und christlicher Identitätsbildung im Rahmen der Antike* (BThSt 155), Göttingen: Vandenhoeck & Ruprecht. 19–43.

Rüpke, Jörg 2016h, „Ancient Lived Religion and the History of Religion in the Roman Empire," *StPatr 74*. 1–20.

Rüpke, Jörg 2017, „Writing the first Christian commentary on a biblical book in ancient Rome: Hippolytus," *Humanitas 72* (5–6). 741–751.

Rüpke, Jörg 2018a, „Gifts, Votives, and Sacred Things: Strategies, not Entities," *Religion in the Roman Empire 4* (2). 207–236.

Rüpke, Jörg 2018b, *Pantheon: A New History of Roman Religion*, Princeton: Princeton University Press.

Rüpke, Jörg 2018c, „Reflecting on Dealing with Religious Change," *Religion in the Roman Empire 4* (1). 132–154.

Rüpke, Jörg 2018d, *Pantheon: Una nuova storia della religione romana*, trad. Roberto Alciati, Maria Dell'Isole, Turin: Einaudi.

Rüpke, Jörg 2018e, „Lived Ancient Religion," *Oxford Encyclopedia of Religion* (im Druck).

Rüpke, Jörg 2018f, *Creating Religion(s) by Historiography* (ARelG 20), Berlin: de Gruyter.

Rüpke, Jörg und Degelmann, Christoph 2015, „Narratives as a lens into lived ancient religion, individual agency and collective identity," *Religion in the Roman Empire 1* (3). 289–296.

Rüpke, Jörg und Spickermann, Wolfgang (Hgg.) 2012, *Reflections on Religious Individuality: Greco-Roman and Judaeo-Christian Texts and Practices* (RVV 62), Berlin: de Gruyter.

Salzman, Michele R. 1987, „,Superstitio' in the Codex Theodosianus and the Persecution of Pagans," *VigChr 41*. 172–188.

Samellas, Antigone 2009, *Alientation: The Experience of the Eastern mediterranean (50–600 A.D.)*, Bern: Lang.
Sartre, Maurice (Hg.) 2005, *The Middle East under Rome*, trad. Catherine Porter und Elizabeth Rawlings with Jeannine Routier-Pucci, Cambridge et al.: The Belknap Press of Harvard University Press.
Satlow, Michael L. 2006, „Defining Judaism: Accounting for ‚Religions' in the Study of Religion," *JAAR 74* (4). 837–860.
Scapaticci, Maria Gabriella 2010, „Vetralla: Un santuario a ‚Macchia delle Valli,'" in Piero Alfredo Gianfrotta und Anna Maria Moretti (Hgg.), *Archeologia nella Tuscia: Atti dell'Incontro di Studio (Viterbo, 2 marzo 2007)* (Daidalos 10), Viterbo: Università degli Studi della Tuscia. 101–136.
Scheer, Tanja S. 2000, *Die Gottheit und ihr Bild: Untersuchungen zur Funktion griechischer Kultbilder in Religion und Politik* (Zetemata 105), München: Beck.
Scheibelreiter-Gail, Veronika 2012, „Inscriptions in the Late Antique Private House: Some Thoughts about their Function and Distribution," in Stine Birk und Birte Poulsen (Hgg.), *Patrons and Viewers in Late Antiquity*, Aarhus: Aarhus University Press. 135–165.
Scheid, John 1985, „Sacrifice et banquet à Rome: Quelques problèmes," *MEFRA 97*. 193–206.
Scheidel, Walter 2009, *Rome and China: Comparative perspectives on ancient world empires*, Oxford: Oxford University Press.
Schmidt-Glintzer, Helwig 1997, *China: Vielvölkerreich und Einheitsstaat*, München: Beck.
Schörner, Günther 2003, *Votive im römischen Griechenland: Untersuchungen zur späthellenistischen und kaiserzeitlichen Kunst- und Religionsgeschichte* (Altertumswissenschaftliches Kolloquium 7), Stuttgart: Steiner.
Schörner, Günther 2008, „Kultdarstellungen: Die rituelle Rolle von Bildern am Beispiel Nordafrikas," in Günther Schörner und Darja Šterbenc Erker (Hgg.), *Medien religiöser Kommunikation im Imperium Romanum*, Stuttgart: Franz Steiner. 93–107.
Schörner, Günther 2013, „Wie integriert man Rom in die Polis? Der Kult des Senats in Kleinasien," in Gerda de Kleijn und Stéphane Benoist (Hgg.), *Integration in Rome and in the Roman world: Proceedings of the Tenth Workshop of the International Network Impact of Empire*, Leiden: Brill. 217–242.
Schörner, Günther und Šterbenc Erker, Darja (Hgg.) 2008, *Medien religiöser Kommunikation im Imperium Romanum*, Stuttgart: Franz Steiner.
Schott, Jeremy M. 2008, *Christianity, empire, and the making of religion in late antiquity*, Philadelphia: University of Pennsylvania Press.
Schrader, Jessica 2017, *Gespräche mit Göttern: Die poetologische Funktion kommunikativer Kultbilder bei Horaz, Tibull und Properz* (Potsdamer altertumswissenschaftliche Beiträge 58), Stuttgart: Steiner.
Schwartz, Seth 1999, „The Patriarchs and the Diaspora," *JJS 50* (2). 208–222.
Schwartz, Seth 2001, *Imperialism and Jewish society. 200 B.C.E. to 640 C.E: Jews, Christians, and Muslims from the ancient to the modern world*, Princeton: Princeton University Press.
Sear, Frank 2006, *Roman theatres: An architectural study*, Oxford: Oxford University Press.
Seiwert, Hubert 1994, „Orthodoxie, Orthopraxie und Zivilreligion im vorneuzeitlichen China," in Holger Preißler und Hubert Seiwert (Hgg.), *Gnosisforschung und Religionsgeschichte: Festschrift für Kurt Rudolph zum 65. Geburtstag*, Marburg: Diagonal-Verlag. 529–541.
Setaioli, Aldo 2007, „Seneca and the Divine: Stoic Tradition and Personal Developments," *International Journal of the Classical Tradition 13*. 333–368.

Shaw, Brent D. 2011, *Sacred Violence: African Christians and sectarian hatred in the age of Augustine*, Cambridge et al.: Cambridge University Press.

Silver, Daniel 2011, „The Moodines of Action," *Sociological Theory 29* (3). 199–222.

Simmel, Georg 1908. *Soziologie: Untersuchungen über die Formen der Vergesellschaftung.* Leipzig: Duncker & Humblot.

Sizgorich, Thomas 2009, *Violence and Belief in Late Antiquity: Militant Devotion in Christianity and Islam* (Divinations), Philadelphia: University of Pennsylvania Press.

Smadja, Elisabeth 1986, „La Victoire et la religion impériale dans les cités d'Afrique du nord sous l'empire romain," in *Les grandes figures religieuses: fonctionnement pratique et symbolique dans l'Antiquité 1986. Lire les polythéisme 1*, Paris: Belles Lettres. 503–519.

Smith, Eliot R. und Mackie, Diane M. 2008, „Intergroup Emotions," in Michael Lewis, Jeanette M. Haviland-Jones und Lisa Feldmann Barrett (Hgg.), *Handbook of Emotions*, New York: Guilford. 428–439.

Smith, Jonathan Z. 2003, „Here, There, and Anywhere," in Scott B. Noegel, Joel Thomas Walker und Brannon M. Wheeler (Hgg.), *Prayer, magic, and the stars in the ancient and late antique world* (Magic in history), University Park, Pa.: Pennsylvania State University Press.

Sperber, Dan und Wilson, Deirdre 1987, „Précis of Relevance," *Behavioral & Brain Sciences 10* (4). 697–710.

Standhartinger, Angela 2012, „„And all ate and were filled' (Mark 6.42 par.): The feeding narratives in the context of Hellenistic-Roman banquet culture," in Nathan MacDonald, Kathy Ehrensperger und Luzia Sutter Rehmann (Hgg.), *Decisive Meals: Table Politics in Biblical Literature* (LNTS 449), London: T&T Clark International 62–82.

Stausberg, Michael 2009, „Renaissancen: Vermittlungsformen des Paganen," in Hans G. Kippenberg, Jörg Rüpke und Kocku von Stuckrad (Hgg.), *Europäische Religionsgeschichte: Ein mehrfacher Pluralismus*, Göttingen: Vandenhoeck & Ruprecht. 695–722.

Stavrianopoulou, Eftychia 2015, „The Archaeology of Processions," in Rubina Raja und Jörg Rüpke (Hgg.), *A Companion to the Archaeology of Religion in the Ancient World*, Malden: Wiley. 349–360.

Stefaniw, Blossom 2011, *Mind, text, and commentary: Noetic exegesis in Origen of Alexandria, Didymus the Blind, and Evagrius Ponticus* (Early Christianity in the context of antiquity 6), Frankfurt a.M.: Lang.

Steimle, Christopher 2007, *Religion im römischen Thessaloniki: Sakraltopographie, Kult und Gesellschaft 168 v. Chr.–324 n. Chr.* (STAC 47), Tübingen: Mohr Siebeck.

Steingräber, Stephan 2008, „The Process of Urbanization of Etruscan Settlements from the Late Villanovan to the Late Archaic Period (End of the Eighth to the Beginning of the Fifth Century B.C.): Presentation of a Project and Preliminary Results," *Etruscan Studies 8*. 7–34.

Steinhauer, Julietta 2014, *Religious Associations in the Post-Classical Polis* (Potsdamer altertumswissenschaftliche Beiträge 50), Stuttgart: Steiner.

Stern, Karen B. 2014, „Inscription as Religious Competition in Third-Century Syria," in Jordan D. Rosenblum, Lily C. Vuong und Nathaniel P. DesRosiers (Hgg.), *Religious competition in the Third Century CE. Jews, Christians, and the Greco-Roman world* (JAJ.S 15), Göttingen: Vandenhoeck & Ruprecht. 141–152.

Steuernagel, Dirk 2005, „Öffentliche und private Aspekte von Vereinskulten am Beispiel von Ostia," in Richard Neudecker und Paul Zanker (Hgg.), *Lebenswelten: Bilder und Räume in der römischen Stadt der Kaiserzeit* (Palilia 16), Wiesbaden: Reichert. 73–80.

Stoll, Oliver 2001, *Zwischen Integration und Abgrenzung: Die Religion des Römischen Heeres im Nahen Osten. Studien zum Verhältnis von Armee und Zivilbevölkerung im römischen Syrien und den Nachbargebieten* (Mainzer Althistorische Studien 3), St. Katharinen: Scripta Mercaturae.

Stroumsa, Guy G. 2005, *La fin du sacrifice: Les mutations religieuses de l'Antiquité tardive*, Paris: Jacob.

Stroumsa, Guy G. 2013, „Les sages sémitisés: nouvel ethos et mutation religieuse dans l'Empire romain," in Laurent Bricault und Corinne Bonnet (Hgg.), *Panthée: Religious Transformations in the Graeco-Roman Empire* (RGRW 177), Leiden: Brill. 293–307.

Tacoma, Laurens Ernst 2016, *Moving Romans: Migration to Rome in the Principate*, Oxford: Oxford University Press.

Tajfel, Henri 1974, „Social identity and intergroup behaviour," *Social Science Information 13*, (2). 65–93.

Takahashi, Hidemi 2014, „Syriac as a Vehicle for Transmission of Knowledge across Borders of Empires," *Horizons 5* (1). 29–52.

Taves, Ann 2009, *Religious experience reconsidered: A building block approach to the study of religion and other special things*, Princeton, NJ: Princeton University Press.

Terrenato, Nicola 2015, „The archetypal imperial city: The rise of Rome and the burdens of empire," in Norman Yoffee (Hg.), *The Cambridge world history 3: Early cities in comparative perspective, 4000 BCE–1200 CE*, Cambridge: Cambridge University Press. 513–531.

Thomas, Edmund V. 2014, „The Severan Period," in Roger B. Ulrich und Caroline K. Quenemoen (Hgg.), *A Companion to Roman Architecture* (Blackwell Companions to the Ancient World), Chichester, West Sussex: Blackwell. 82–105.

Tropp, Linda R. und Molina, Ludwin E. (2012), „Intergroup Processes: From Prejudice to Positive Relations Between Groups," in Kay Deaux & Mark Snyder (Eds.), *Oxford Library of Psychology. The Oxford Handbook of Personality and Social Psychology*. New York: Oxford University Press. 545–570.

Turcan, Robert 1996, *The Cults of the Roman Empire*, trans. Antonia Nevill, Oxford: Blackwell.

Turner, John C. 1975, „Social comparison and social identity: Some prospects for intergroup behaviour," *European Journal of Social Psychology 5* (1). 5–34.

Uehlinger, Christoph 2008, „Arbeit an altorientalischen Gottesnamen: Theonomastik im Spannungsfeld von Sprache, Schrift und Textpragmatik," in Ingolf U. Dalferth und Phillip Stoellger (Hgg.), *Gott Nennen: Gottes Namen und Gott als Name* (RPT 35), Tübingen: Mohr Siebeck. 23–71.

Ullucci, Daniel C. 2012, *The Christian rejection of animal sacrifice*, Oxford: Oxford University Press.

Van Nuffelen, Peter 2012, „Playing the Ritual Game in Constantinople (379–457)," in Lucy Grig und Gavin Kelly (Hgg.), *Two Romes: Rome and Constantinople in late antiquity* (Oxford studies in late antiquity), Oxford: Oxford University Press. 183–200.

Vessey, Mark 2009, „Cities of the Mind: Renaissance Views of Early Christian Culture and the End of Antiquity," in Philip Rousseau (Hg.), *A Companion to Late Antiquity*, Chichester: Blackwell. 43–58.

Veyne, Paul 2005, *L'Empire Gréco-Romain* (Des travaux), Paris: Le Seuil.

Vinzent, Markus 2011, „Re-modernities: Or the volcanic landscapes of religion," *Studies in Religion & Education 32* (2). 143–60.

Wang, Yong 2008, „Agency: The Internal Split of Structure ," *Sociological Forum 23* (3). 481–502.
Wei-Ming, Tu 1986, „The Structure and Function of the Confucian Intellectual in Ancient China," in Shemu'el Noaḥ Aizenshṭadṭ (Hg.), *The Origins and Diversity of Axial Age Civilizations*, Albany: State University Press of New York. 360–373.
Wilson, Deirdre und Sperber, Dan 2002, „Relevance Theory," *UCL Working Papers in Linguistics 13*. 249–287.
Witulski, Thomas 2010, *Kaiserkult in Kleinasien: Die Entwicklung der kultisch-religiösen Kaiserverehrung in der römischen Provinz Asia von Augustus bis Antoninus Pius* (2. Aufl., NTOA 63), Göttingen: Vandenhoeck & Ruprecht.
Wolff, Catherine und Le Bohec, Yann (Hgg.) 2009, *L'armée romaine et la religion sous le Haut-Empire romain: Actes du quatrième Congrès de Lyon (26–28 octobre 2006)* (Collection du Centre d'études et de recherches sur l'Occident romain N.S. 33), Paris: De Boccard.
Woolf, Greg 1998, *Becoming Roman: The Origins of Provincial Civilization in Gaul*, Cambridge: University Press.
Woolf, Greg 2009, „Found in Translation: The Religion of the Roman Diaspora," in Olivier Hekster, Sebastian Schmidt-Hofner und Christian Witschel (Hgg.), *Ritual dynamics and religious change in the Roman Empire: Proceedings of the Eighth Workshop of the International Network Impact of Empire (Heidelberg, July 5–7, 2007)* (Impact of Empire 9), Leiden Brill. 239–252.
Woolf, Greg 2012a, „Reading and Religion in Rome," in Jörg Rüpke und Wolfgang Spickermann (Hgg.), *Reflections on Religious Individuality: Greco-Roman and Judaeo-Christian Texts and Practices* (RVV 62), Berlin: de Gruyter. 193–208.
Woolf, Greg 2012b, *Rome: An Empire's Story*, Oxford: Oxford University Press.
Woolf, Greg 2013, „Female Mobility in the Roman West," in Emily Hemelrijk und Greg Woolf (Hgg.), *Women in the Roman City in the Latin West*, Leiden: Brill. 351–368.
Woolf, Greg 2017, „Moving Peoples in the Early Roman Empire," in Elio Lo Cascio, Laurens Ernst Tacoma und Miriam J. Groen-Vallinga (Hgg.), *The impact of mobility and migration in the Roman Empire: Proceedings of the Twelfth Workshop of the International Network Impact of Empire (Rome, June 17–19, 2015)* (Impact of Empire 22), Leiden: Brill. 25–41.
Wrede, Henning 1981, *Consecratio in formam deorum: Vergöttlichte Privatpersonen in der römischen Kaiserzeit*, Mainz: Zabern.
Zemmer-Plank, Liselotte, Sölder, Wolfgang und Hastaba, Ellen 1997, *Kult der Vorzeit in den Alpen: Opfergaben – Opferplätze – Opferbrauchtum* (Schriftenreihe der Arbeitsgemeinschaft Alpenländer 10), Innsbruck: Tiroler Landesmuseum Ferdinandeum.
Zsengellér, József (Hg.) 2014, *Rewritten Bible after Fifty Years: Texts, Terms, or Techniques? A Last Dialogue with Geza Vermes* (JSJ.S 166), Leiden: Brill.
Zuiderhoek, Arjan 2017, *The ancient city* (Key themes in ancient history), Cambridge: Cambridge University Press.

www.ingramcontent.com/pod-product-compliance
Lightning Source LLC
Chambersburg PA
CBHW071414300426
44114CB00016B/2303